电网新视界

# 第八个

主编　张敏

中国电力出版社
CHINA ELECTRIC POWER PRESS

**图书在版编目（CIP）数据**

第八个 / 张敏主编．—北京：中国电力出版社，2016.12

（电网新视界）

ISBN 978-7-5198-0277-6

Ⅰ.①第…　Ⅱ.①张…　Ⅲ.①电影文学剧本－中国－当代

Ⅳ.①I235.1

中国版本图书馆 CIP 数据核字（2016）第 314881 号

中国电力出版社出版、发行

（北京市东城区北京站西街 19 号　100005　http://www.cepp.sgcc.com.cn）

三河市航远印刷有限公司印刷

各地新华书店经售

*

2016 年 12 月第一版　　2016 年 12 月北京第一次印刷

710 毫米 ×980 毫米　16 开本　22.25 印张　289 千字

定价 54.00 元

# 编　委　会

**主　　任：** 刘予胜　张　涛

**副主任：** 康成平　张永斌　张学荣　雷　利　韩冬臣　刘虎生　郝密雅　籍满田　张一龙　何文锋

**委　　员：** 刘振梅　刘绕菊　王　霞　武　芳　张　敏　乔琳会　王　强　陈　磊　畅宏斌　杨　栋

# 编　写　组

**主　　编：** 张　敏

**副主编：** 芦　笛　陈海青

**成　　员：** 畅宏斌　柴　晶　石文贞　李美玲　葛巩佳　李小龙　李　全　张天杰　杜剑楠　吴秋兵　王浩亮

# 从 书 序

2014年10月15日，习近平总书记在全国文艺工作座谈会上讲话强调，文艺是时代前进的号角，最能代表一个时代的风貌，最能引领一个时代的风气。实现“两个一百年”奋斗目标、实现中华民族伟大复兴的中国梦，文艺的作用不可替代，文艺工作者大有可为。好的文艺作品就应该像蓝天上的阳光、春季里的清风一样，能够启迪思想、温润心灵、陶冶人生，能够扫除颓废萎靡之风。

近年来，国家电网公司高度重视职工文学创作，坚持“为电网放歌，为职工抒写”的创作导向，繁荣电网文学创作和职工文化生活，增强企业软实力、品牌影响力。2016年4月，国网山西省电力公司成立了职工文学创作爱好者协会（简称文协），公司400余人入会。公司积极落实国家电网公司文学创作重点选题工作，结合实际制定文学创作三年规划，确定了26项文学重点选题，提出了“通天气，接地气，聚人气”的工作思路。半年多来，成立了诗歌、小说、散文、纪实、影视、朗诵6个兴趣小组，形成了微信群、公众号、会员管理系统等6个网络平台，拓展了《晋电文学》期刊、“电网新视界”丛书、北田职工文化创作与展示基地、职工书屋电力作家作品专柜等四个职工文学成果的实体展示平台，与《脊梁》《黄河》等重点文学期刊联合建成了 3 个外部文学培训基地。我们组织了 20 余次集培训、采风、笔会于一体的文学专项活动，形成了公司文学创作组织、培训、沟通与提升的常态机制。文协成为国网山西省电力公司文学创作队伍的一个重要平台；公司职工文学创作队伍成为国家电网公司文学创作群体中的一支劲旅。

在文协之“家”的温暖中，文学队伍日渐发展壮大，一批作者脱颖而出。他们在深入生产一线、深入员工生活的创作中，用心灵和爱，去触摸每一根导线、每一座铁塔，创作了大量具有地域与行业特色的诗歌、散文等文学作品，鲜活生动地抒写了电网人的感人故事，丰富了电网人的精神世界，展示了电网人的靓丽风采。何文锋、赵晨宇的诗歌在中国电力诗歌“重走长征路”征文中荣获三等奖。文协副主席郝密雅的诗《穿越会宁》荣获公司在国家电网公司系统的第一个文学作品一等奖。公司管培中心拍摄的《第八个》微电影荣获国家新闻出版广电总局网络视听节目一等奖、山西新闻广电总局网络视听节目一等奖、英大传媒金奖、中电传媒一等奖，被英大传媒集团选送参加亚洲微电影节。

为了让更多的员工能够分享公司职工文化成果、让更多的文学爱好者能够从优秀文学作品中学习和借鉴，文协从其众多平台汇集的作品中，选出一批有代表性的作品，汇集成“电网新视界”丛书，即《春到北田》《阅读的力量》《在路上》《守护》《第八个》《撷英拾贝》《墨染时光》《微尘闪烁》，共八个专辑。

《春到北田》是“中国电力作家走进山西电力”文学采风培训活动和国网山西省电力公司职工文学创作爱好者协会成立大会期间，国家电网系统作家和山西文友在北田培训基地共同创作的诗歌散文集。作品激情澎湃，读来如沐春风，是文协的发轫之作。

《阅读的力量》是一本电网员工的读书感悟和心得文集。作者从书籍中汲取知识和力量，结合工作实际，写出了自己的真感受、真性情、真灼见。各种主题读书活动不断开展，并先后建成各级各类职工书屋 200 多个，成为员工的精神家园。

《在路上》是一线输电员工运用“互联网 +”的新武器，反映自己丰富多彩的学习、工作和生活的新“视”界文学作品。作者捕捉精彩瞬间，凝练优美诗文，用诗、文、书、画、音、像等多维立体的艺术形式，表达山西电力输电人的苦与乐。书中将图文巧妙结合，相互补充映衬，真实生动反映一线电力员工的工作生活和思想境界，是现实生活的电力写真。让读者在享受光明的同时，不忘记输电人跋山涉水的身影，不忘记输电人一双双黑亮的眼睛。

《守护》是“我的父亲母亲”和“电网退伍兵”主题征文选编。人生路上，亲情是最持久的动力，感恩父母才会感恩企业。“我的父亲母亲”征文活动，从 400 多篇征文中选出 70 余篇，其作者多为近年来分配到企业的大学生，综合素质较高，作品温馨、亲切、生动、感人。“电网退伍兵”征文活动，从 100 余篇征文中选出 10 篇优秀稿件，真实再现了一个个退伍兵在电网建设和运行中的感人事迹，体现了“国防绿”那特有的精神品质。

《第八个》是一本微电影剧本集。作者把身边的人写入剧本，把身边的事拍成微电影，以喜闻乐见的方式将电网人的故事展示给大家。文协在收集基层单位已经拍摄或未拍摄的微电影剧本的同时，多次组织研讨与培训活动，请省内外知名编剧进行了点评指导，进一步丰富了创作内容，拓展了剧本体裁，提升了微电影剧本创作水平。

《撷英拾贝》是一本由小说、报告文学、散文、游记汇集而成的文集。作者多维度、多视角、多体裁抒写了电网人工作、生活、家庭中的苦与乐，是社会从另一个侧面了解电网人思想情感的“窗口”，也是电力文学爱好者迈向文学殿堂的“阶梯”。

《墨染时光》是近年来《山西电力报》上发表的通讯和报告文学集。作者在作品中以写实的笔法，真实记录了电力员工服务客户、奉献社会的风采，塑造了国家电网品牌形象。作品中反映的人物，来自最平凡的岗位，却是最可爱的人；作品中反映的故事，传递的是最寻常的心声，却是最动听的声音。

《微尘闪烁》是一本诗歌集。诗里刻录时光，诗中讲述人生。微尘闪烁群星，星光照亮眼睛。在诗中，能读到银线与铁塔，能读到阳光与背影，也能读到作者创作中的稚嫩与真诚。

三晋大地，古风犹存，文人辈出。企业需要精神，文学需要激情，文协的成立给文学爱好者搭建了一个学习、创作、交流的平台。老年人的睿智、中年人的冷静、年轻人的热情，在这里汇聚；文思与场景、文字与岗位、文学与电网，在这里交融。他们分享文字的盛宴、拓展思想的深度、汲取创作的能量。文学爱好者用擅长的文体、真挚的情感，向电网人表达由衷的敬意。

企业文化是企业发展的软实力，要建设一流企业，必须以强大的企业文化来支撑。电网人的生活多姿多彩，电网人的工作充满挑战，作为一名电网文学爱好者，既要做企业勤恳的建设者，也要做忠实的记录者，为企业发展鼓舞与欢呼。国网山西省电力公司将不断丰富文学创作内容和形式，拓展培训与提升的模式，多方面鼓舞员工的文学创作热情，让他们尽情挥洒，为电网放歌！

# 前　　言

移动互联网时代，微电影作为现代传播领域中的新生事物，迎合了人们碎片化的阅读方式、休闲习惯和审美情趣，深受大众喜爱和追捧。

2013 年，国网山西省电力公司主动适应新形势，举办了“晋善晋美晋电情”微电影创作大赛，15 部自编、自导、自拍、自演、自制的微电影作品生动演绎了电网员工的喜怒哀乐，诠释了企业精神和价值理念，在国家电网公司系统内外产生了强烈反响。3 年多来，微电影剧本创作从无到有，从少到多，从生涩到成熟。特别是 2016 年国网山西省电力公司职工文学创作爱好者协会成立，又有多个题材列入重点选题并陆续完成，标志着剧本创作占据了山西电力文学的新高地。本书将近年来的微电影剧本汇总遴选，编辑成册，既是对过去的总结，也是对未来的传承。

《第八个》共收录了 24 部原创微电影剧本，或讲述身边的感动，或分享成长的经历，或承载青春的梦想，或诠释生活的意义。在书中读者能够看到第四届全国道德模范解黎明、全国劳模李玉、优秀共产党员王燕等先进典型的真实故事，能够看到薛金喜、李成、旭东、任有才、张大山等普通电网小人物展现的大精神、大情怀，能够看到真切的客户情、师徒情、父子情，能够看到国家电网公司员工用心诠释“诚信、责任、创新、奉献”核心价值观的满满正能量。其中已经有 18 部完成微电影拍摄，《灯心》《金喜》《任有才　没嘛达》等微电影作品也获得多项国家级、省部级奖项。因集内首篇剧本《第八个》的微电影成品获得了国家新闻出版广电总局网络视听节目一等奖，同时在电力行业、国家电网公司系统获得多个最高奖项，并被推荐参加亚洲微电影节，为集内质量较高、分量最重的一部作品，因此以《第八个》作为本书的书名。

在书稿编写过程中，陆续收到新的剧本和拍摄完成的微电影作品，可见剧本创作刚起步不久，方兴未艾，这是值得庆幸的。我们相信剧本创作必将成为日后山西电力文学创作的重点，必将在国家电网公司改革发展中以其独特的方式发挥作用，传播国网好故事，唱响晋电好声音。

编者

2016 年 12 月

# 目　　录

# 第八个

# 第　八　个

芦　笛　张志清　宋　畅｜国网山西管培中心

## 1. 序幕

保姆 1：每天从早忙到晚，要照顾一个 80 多的老人，还要伺候一个都快起不了床的病人，谁能受得了。

保姆 2：那个病人好像是癌症，脾气太怪了，动不动就发脾气。

保姆 3：我是出来挣钱的，又不是出来受气的。

保姆 4：买菜、做饭、洗尿布，一天没停的时候。还不让买尿不湿，每天都要不停地洗尿布！哎，太仔细了！

保姆 5：老人有心脏病，病人也起不了床，万一哪天……我胆子小，我害怕！

保姆 6：病人有时自己排泄不了，要用手去抠，这个我有点接受不了！

保姆 7：不是钱的问题，这……给多少钱咱都不能做呀！

**黑场淡出片名：《第八个》**

## 2. 农贸市场　清晨　外

清晨的市场里，各种带着露水的新鲜蔬菜，一样样的蔬菜被装在塑料袋里。猪肉贩熟练地剁着骨头，随着一双手接过装肉的袋子，递上钱。买好的菜被挂在自行车的车把上。在自行车轮的滚动中，天色渐亮。

### 3. 陈家　日　内

厨房里，汤窝在冒着热气，洗干净的菜摆在盆里。一个身影在晨光中忙碌着。

（陈小东的话外音）王大姐——

身影急忙走出厨房。她就是王燕，一个善良、满面笑容的中年妇女。

睡醒的陈小东在王燕的帮助下洗脸、刷牙、排泄。病床上的她瘦削，面色发暗。王燕端着换下的尿布走出卧室，陈小东急切地拿过手机翻看。没有任何新消息进来，她失望地放下手机。

洗手间里，热水淋烫在清洗过的尿布上。王燕一点点地试着把尿布拧干。

厨房里的陈母听到王燕从洗手间出来的声音，一直跟着她走进主卧室，看着王燕把尿布晒起来，又收起干爽的尿布，再跟着她走出来，把门紧紧关上。

炒好的菜摆上饭桌，卧室里，王燕给陈小东把汤放在床头，扶着她坐起来，照顾她喝汤。

饭厅里陈母一个人在吃着饭。

### 4. 医院　日　内

做着化疗的陈小东紧紧拉着王燕的手。不舒服的她时不时就会呕吐。

王燕默默地服侍着小东，理解、坚毅的面容。

医生：化疗会一次比一次艰难，吃不了饭也要多喝汤，注意补充营养，尽量保持心情愉快，还有，你们也要早早地有心理准备啊！

## 5. 医院门外　傍晚　外

王燕扶着陈小东慢慢走出医院。

陈小东（痛苦地）：我恨这鬼地方，我再也不想来了！

## 6. 陈家门外　傍晚　外

陈小东拿出钥匙开门，王燕扶着她走进去，陈母迎出来，接过她们手里的东西。

## 7. 陈家　夜晚　内

客厅里，王燕睡在沙发上。陈母的房间紧紧关着门。陈小东拿着手机拨打电话，无人接听，于是改成发信息。

短信：儿子，妈妈快不行了，妈妈想你，你能不能来看看妈妈。妈妈有话要跟你说！

短信：儿子，就算爸爸妈妈早就离婚了，可是你还是妈妈的儿子，妈妈最爱你了，你就不能看看妈妈吗？

手机屏幕上显示她发送出很多条类似这样的信息，但一直没有回复。

客厅里，隐约传出陈小东压抑的哭声，王燕睁开了眼睛，其实她根本没有睡着，关注着陈小东的一举一动。

## 8. 某公司　日　外

王燕骑着单车快速地来到某公司，门卫安排她等着，打了电话又对她摇了摇头，她骑着单车又走了。

## 9. 陈家　日　内 / 夜

厨房里，王燕在炒菜，陈母走进来，对她说："小王啊，你把钥匙还我吧，我反正在家，你要有事出去，回来我给你开门。"她不相信这刚来没多久的保姆。

王燕从裤子里掏出钥匙，递给陈母，接着炒菜。陈母拿着钥匙走出厨房回到她的房间，柜子上翻开的一个本子里记得每天王燕做的菜，还有她每天给的菜钱是多少。陈母拉开抽屉，把钥匙放了进去。阳台上，晒着许多条尿片，还有陈小东缝着补丁的秋裤。

床上的陈小东依然拿着手机，床头的汤已经凉了。

王燕：小东，身体要紧，你得好好养病，这汤是不是不合胃口？你想吃点啥？我今天买了水果，要不我给你再弄点果汁？

陈小东：（不耐烦地）别管我，也别跟我说话。

王燕在厨房切着水果，停下来，看着水果发了会儿呆，叹了口气，又切起来。

卧室里的陈小东又喊着：王大姐，你又去哪儿了！

王燕回应着：来了，来了。走出厨房。

陈小东：你是不是也嫌弃我？不想管我你就走吧！

王燕：看你说啥呢，我正帮你弄水果呢。

傍晚，客厅里，王燕的爱人打电话让她注意自己的身体，不要太累太辛苦。

王燕让爱人放心，她一切都挺好的，就是看着小东想儿子，她心疼小东。

## 10. 路上　日　外

王燕骑着单车，阳光照在她的额头，满是汗水，路上为了躲避车辆，她摔了一跤。

一个男人的声音：王大姐，你就不要再来找我了，孩子跟她妈妈的事情我不管。我们早就离婚了，她的事情我不想听。你找我也没有用。孩子不想见她，我劝也没用。

这声音，听得出来是陈小东的前夫。

## 11. 陈家　日　内 / 夜

陈小东在与她妈妈吵架，不知道为了什么。

陈小东：你们都不用理我了，让我死了算了。我的事情，跟你们都没有关系。

门外王燕敲门，陈母出来开门，然后回到自己房间，把门紧紧关上。

陈小东：你又去哪儿了，总往外跑，干脆就别回来了！我不用你管了，你走吧！

王燕：我去帮你找小波的父亲，希望他帮着劝劝孩子，让小波来看看你。

陈小东：他肯吗？

王燕：……

陈小东：他不肯是不是？你就把我的事到处宣扬吧！他知道我现在这样，心里不知道得多高兴呢！谁让你找他的，用得着吗？你还嫌我不够丢人？你走，你给我走！

说完，拿起床头的杯子扔了过来。王燕转身离去。

走到客厅，看着这些天睡的沙发，铺盖还放在一边，自己的衣服也一直是放在沙发上，再看看陈母紧闭的房门，王燕开始拿起行李袋收拾自己的东西，收拾到一半，又看看陈小东的卧室，陈母紧闭的房门，她的手停了下来。

天色渐渐黑了。

不知过了多久，听到陈母喊着：小王，小王！

客厅里的王燕忙走进陈母的房间。

陈母：小王，我这半边身子发麻，手动不了了。

一老一少，两个病人！

## 12. 医院门口　夜　外

出租车停在医院门口，王燕在司机的帮助下背着陈母走进医院。

## 13. 急救室门口　夜　内

医生走出来，问：谁是病人家属?

王燕毅然答道：我是！

医生：病人是脑梗，幸好送来的及时，不然就危险了。

陈母被推出来，充满感激的目光。

陈母：小王，我好多了，你快回家去陪着小东，她一个人在家我怎么放心啊。我可怜的小东……

说着陈母便哭了起来。又说：小王啊，小东受太多苦了，你就多包容一下吧，她身边不能没有人照顾啊，可恨我这老太婆，想照顾她也照顾不了。小王啊，我求你啦，你回去陪小东吧……

王燕：陈姨，你别激动，我这就回去，你们娘俩我都要管！

## 14. 陈家　夜　内

陈小东的卧室没有开灯，王燕打开灯，发现床上没有人，地上狼藉一片，陈小东蜷缩在地上。

王燕马上过去把她抱到床上。

王燕：小东，你这是干什么！

陈小东：（哽咽着）王大姐……我妈妈她……

王燕：你放心，陈姨没事，老人家就是着急上火，过两天就能出院了。

陈小东：（流着泪）王大姐，我真不想活了，我对不起我妈妈，儿子也不要我这个妈，反正我也快死了，还不如早死早省心！

王燕：小东，你别胡说，安心养病，陈姨那，你放心吧。孩子，咱们想办法，你一定要好好活着，能见到的，孩子一定能来看你的。只有活着，才能有希望。

陈小东：王大姐，你就别安慰我了，我知道没用了，我等不了了……

王燕：不许这样想，听着，我给你想办法，我一定把小波找来！

陈小东：真的吗？

王燕：一定！

## 15. 路上　日　外

自行车轮在路上转动着。

## 16. 医院　日　内

病房里，王燕与护工送来午饭，陈母吃得很香，王燕又急匆匆离开。

## 17. 陈家　日　内／夜

王燕帮着陈小东做清理，洗衣服，用开水烫着尿片。

夜晚的王燕依然睡在沙发上，陈小东拿着手机发短信。

陈母出院了。回到家里，她帮着王燕把沙发上的被子枕头放在自己卧室的床上，叫过王燕，把钥匙放在她手里。

陈母：孩子，这段日子麻烦你了，以后你跟我在床上睡，姨以前做得不好，你别怨姨。这个家交给你了。

陈母被感动了，也对王燕彻底信任了。

## 18. 陈家　日　内

夏天到了，树叶全绿了。陈小东病情越发严重，已经起不了床，王燕也瘦了一圈。

冰箱里开始冻起冰块。陈小东只能靠吃冰块维持着，她的头发已经掉光了，王燕特意为她买了一顶假发，拿着镜子，给她戴在头上。

王燕：看，一样很好看。小波来的时候，咱们就戴着它。

陈小东用虚弱的语气跟王燕提出一个要求。

陈小东：王大姐，我不知道我还有多长时间了，外面的太阳真好啊。我想看看汾河公园。

## 19. 陈家门口　日　外

王燕把被子铺在一个三轮车上，装好冰块，背着陈小东走出家门，把她安顿好，骑上三轮车出小区。

## 20. 路上　日　外

陈小东躺在车上，王燕辛苦地骑着（陈小东的主观镜头：太原的天空，夏天茂密的枝头划过天空，一只蝴蝶翩翩飞来）。

## 21. 汾河公园　日 / 傍晚　外

一群孩子欢快地路过，情人甜蜜地漫步。处处盛开着鲜花，河水在阳光下闪烁着波光。车上的陈小东辛苦地靠在被子上，看着一切。

陈小东：王大姐，小时候，我常在这河边玩，那时有一片芦苇荡，可好看了。公园建成后我总带着小波来玩。我跟他爸爸离婚后，我再也没来过这里。我做人挺失败的，到现在也没有什么朋友，王大姐，多亏有你，在我这段日子里，真是难为你了。

随后陈小东掏出两千元钱递给王燕：王姐，这是我的一点心意，你收下吧！

王燕（郑重地）：小东，你这是干什么！快把它收起来，我根本就不是为了钱才到你家来的！小东，你听着，你一定要坚强地活下去，活出自己的尊严！

夕阳的光线照在她的脸上，看起来脸色没有那么灰白了，这天的陈小东精神出奇的好，她与王燕久久地坐在河边，迟迟不愿意回家。

### 22. 医院门口　夜　外

120 急救车开进医院，陈小东被推进大门。

### 23. 医院　夜　内

王燕跟着陈小东的病床，拉着她的手直到她进急救室。

王燕拿出手机，拼命拨打小波的电话，直到对方接听。

王燕（悲怒地）：听着，你妈妈不行了，你再不来，今生都未必能再见到她了。不管她做了什么，她十月怀胎生下你，你也是她儿子，今生今世，你身上都流着她的血液。你想她死不瞑目吗？你不怕你后半生都睡不着觉吗？你将来也会有孩子，你必须得来，马上来！

病房里，陈小东艰难地忍受着，王燕在她耳边告诉她：小东，小波马上就到了，你再等等。

陈小东困难地睁开双眼，看着王燕。

王燕：我没哄你，是真的，他接电话了，正在路上呢！

陈小东的儿子终于赶到了，床上的陈小东已经说不了话了，她慢慢地伸出手，想拉住儿子。小波犹疑着，王燕去推他，无奈下只好拉起他的手放在陈小东的手上，三个人的手最终握在一起。陈小东闭上了眼睛。

屋子里的人伫立着，时间在这一刻凝固。

（字幕）2013 年 10 月 7 日，陈小东病逝。4 次转院、9 个月化疗、700 多个日夜，在王燕的精心照顾下，陈小东乐观面对病痛、平静面对死亡，生命得以有尊严地谢幕！

（字幕）陈小东患病期间，七个保姆相继离开，王燕主动上门，成为没有报酬、只尽义务的“第八个”。

## 24. 校园内（访谈） 日

宋畅（王燕同事）：王燕和陈小东都是我的同事，严格说来她们两个从没有共过事，陈小东来到单位的时候，王燕已经退休了。作为同事来讲，我觉得她能这样去照顾陈小东，一方面觉得挺感动的，另一方面也觉得这种人现在太少见了！

耿新原（王燕同事）：这么多年来，王燕一直在做志愿者、当义工，直到现在她还在帮助着一个癌症病人，难能可贵！

王燕爱人（陈子胜）：在那个困难的年代，给父亲治伤的时候，王燕得到过很多人的帮助。她帮助别人，力所能及地去做一些好事是很自然的事情，也是我们的一个习惯吧！我们全家都支持她！

## 25. 王燕家里　雨夜　内

大雨倾盆的夜晚，陈小东的哥哥打电话给王燕，通知她陈母的火车班次、到达时间。

陈小东的哥哥：王大姐吗？我妈妈会在今天晚上到山西，K1115 次火车，8 车厢 27 号。到站时间是晚上 8 点。请你去接一下吧。

王燕匆忙向爱人打过招呼就出门了。

## 26. 火车站　雨夜　内

夜晚的车站人很少，大雨敲打在窗户上，广播里传来 K1115 次火车晚点的消息。时间显示从 20 点到 21 点，再到 22 点。

## 27. 站台里　雨夜　外

下车人流中，王燕逆着人潮寻找着，在 8 车厢门口，陈母一个人孤单地站在那里。

老人终于看到了王燕，此时王燕也发现了陈母，老人远远地看着，眼泪流了下来。

雨下得如此欢快！

（字幕）王燕用自己温暖的手、真诚的心帮助着他人、感动着他人，传递着人与人之间最难能可贵的温情。

王燕，国网山西省电力公司管理培训中心（党校）退休支部书记，2009 年太原市文明委首届孝老爱亲十大模范；2012 年国家电网公司“老有所为”标兵；2013 年国网山西省电力公司三晋好人；2013 年中国红十字总会五星级志愿者；2015 年山西省直文明委省直机关第二届道德模范（助人为乐模范）。

退休十几年来，她义务帮助过许多人，包括癌症病人、汶川伤员、“植物人”等，她以自己的实际行动履行着一名志愿者的职责，更践行着一位老党员对党的忠诚。

如今，她又在做着新的志愿者工作……

微电影《第八个》，荣获国家新闻出版广电总局网络视听节目一等奖；“英大传媒2016年度优秀电视作品展评”微电影类金奖，由英大传媒选送推荐参加亚洲微电影艺术节；第十一届“中电传媒杯”全国电力行业优秀影视片展评微电影类一等奖；2016年山西省网络视听作品评选原创中国梦微电影一等奖。

拓展阅读

# 灯心

# 灯　　心

侯　宇｜国网太原供电公司

## 1. 家中　夜　内

没有开灯的房间里，小艾坐在放着生日蛋糕的桌子前，生日蜡烛一晃一晃地映照她脸上的焦急。

小艾看了看手机，已经8点多了，她站起身吹灭了蜡烛。

## 2. 工地　夜　外

穿着电力工作服的旭东接起电话，电话另一头小艾撒娇道：大宝贝，这可是你第一次见我爸妈哦，别再脏兮兮的，换了工作服啊，我要你帅帅地搞定我爸妈。

旭东说：嗯嗯，乖，知道了。看到远处工友向他招手，立刻小心地说：我这工期紧张，小宝贝，先挂了啊。

说罢，放了电话继续工作。

旭东等人辛勤工作了一夜，第二天天蒙蒙亮，工程终于完成，他一边收拾器材，一边叨叨着：爸爸妈妈好，不对，伯父伯母好，我是……

一工友听见过来打趣道：哎呀妈呀，这是累糊涂了啊，认这玩意当爸妈呀。我知道你要去见未来岳父岳母了，还收拾这干什么，你快去收拾收拾你自己吧，看你脏的，我来。

旭东开心地打扮精干，去了岳父岳母家，二老对他非常满意，笑得合不拢嘴。

突然闹钟响起，旭东在工棚里醒来，才发现原来自己在做梦，看着镜子里邋遢的自己不由感到失望。他看还有时间，想着再去工地看看工程进展，然而路上突然得到前方道路需要抢修的紧急情况，旭东扛起器材就上了车。

赶到故障现场，旭东和同事们忙着抢修电缆，根本无暇顾及这边小艾不断打来催促他回家的电话。

### 3. 小艾家里　日　内

墙上的表已经过了 1 点，小艾打着电话在屋子里走来走去。

摆满饭菜的桌子前坐着焦急等候的小艾父母。小艾妈妈终于按捺不住怒火：不接啊，还是不想来啊，太不像话了！

小艾赶紧打圆场：妈，这两天修路，他们工程忙。

爸爸在一边也跟着说：是，是呀，消消气。

母亲很不开心地离开饭桌，爸爸跟着进去安慰，边走边说：哎呀，看着老太太，别动气呀……

小艾也非常难受，看到两人合影，把相框翻转按下，发给旭东一条信息：我想，你以后也不用来了！

### 4. 工地　日　外

下午 4 点，旭东和工友们终于收工了，旭东这才看到手机上来自小艾的未接来电和短信，一跺脚，他来不及换衣服就往小艾家赶。

## 5. 小艾家　日　内

旭东敲门，小艾开门，看着眼前旭东气喘吁吁、浑身是土的样子，心疼但是很生气。说：告诉你不用来了，你还来干什么。

旭东说：小宝贝，你听我解释……

小艾不开心地说：不听，不听，我知道，工作，又是工作，你要是认为工作比我重要，你就再也不要来找我了。说完就关上了门。

两人各自靠在门两侧，小艾低声哭泣，旭东垂头丧气，回想两人恋爱的幸福细节。小艾从猫眼里偷看旭东，看到他还在，很心疼，正准备开门，旭东的电话响了，是领导的，又有突发情况了，旭东起身，回望了一眼，走了。小艾更生气地回到了自己屋里。

## 6. 工地　夜　外

旭东和同事们又来到一处故障现场，得知附近小区都断电了，而且电缆被建筑泥沙和垃圾堵住，只能人工挖。更糟糕的是，这是这片区域第三次停电了，居民意见很大。物业工作人员一直说：麻烦你们了，我们的电工技术不行，又把你们叫过来帮忙了。

旭东和同事立刻着手排查故障点，可围观的居民早就不耐烦了：哎哎，说你呢，小伙子，你行不行啊，快接上，我家小孙子还要写作业呢。

旭东抬起头，一群大妈已经把他包围住，七嘴八舌诉说着不满，还有一个头上都是发卷的阿姨说：我这头发刚烫了一半啊，不得难看死呀。

身旁的工友被搞得有些烦躁，旭东示意他到一边，自己好声好气地对大妈们说：妈妈们，别急，你们也知道我们现在是修路时期，我马上去修，让您家小孙子写作业，您家继续看电视剧，也不让您错过了中国好声音，还有阿姨您这么漂亮，啥发型都好看。您们先去聊聊天吧，我这抓紧的。

大妈们被旭东的好脾气弄得也不好再说什么，点点头，散到一边去看。

旭东下到窄小黑暗的电缆井内，围观的大妈们时不时过来瞧一瞧，小声议论道：这小伙子工作真危险。

是呀，真辛苦。

啧啧，真是不容易。

几个大妈从家里拿来了热水和水果，大家都很不好意思，推脱着：阿姨，您别忙了。

小区最终恢复了供电，居民们开心地说：亮了，亮了。

旭东满身大汗地从电缆井里爬出来，之前嚷嚷的那个大妈有些不好意思地说：哎呀，同志，大妈一开始话重了，我得让我家小孙子向你学习啊！

旭东不好意思地笑笑：大妈，灯不亮了再找我们。快回家看电视吧。

收工途中，旭东坐在车里看着手机上小艾的照片，可拨电话过去：嘟——您拨打的电话正在通话中。

他又看向车外，看身边的车水马龙，灯火通明。

他给小艾发了条信息：我爱这座城市，夜晚的灯光让我安心，也让你不再害怕，我希望你能理解我。

## 7. 工地　日　外

旭东依旧在工地上忙碌着，突然一个不小心没踩稳，扭伤了脚。

## 8. 医院　日　内

工友带旭东去医院包扎。医生戴着大眼镜，捧着旭东的脚说：几天不洗脚了呀！

旭东奇怪地说：您看出来啦。

医生说：闻出来的。

旭东说：哎呀，不好意思，工作忙呀！

医生没理他，接着说：这扭的可不轻呀，再过点就伤了筋了。

旭东笑笑：大意了，嘿嘿。

医生用手捏旭东的脚，旭东瞬间笑不出来了，“啊”的一声满头大汗。医生刚包好，旭东站起来就走，医生喊着：哎，哎，小伙子，那只脚不能剧烈活动……

## 9. 小艾单位　夜　内

小艾和同事们加班，突然停电了，一片哗然。大家你一言我一语地说：哎，怎么停电了，活还没完呢。

这修路修的，估计哪里又不对了。

快打电话问问吧。

领导的声音传来：大家别急，已经通知人来修了，今天就先到这里吧，大家收拾收拾，小心点回家吧。

小艾走出单位，从路边抢修的地方突然传来了熟悉的声音，是旭东。可旭东并没有注意到小艾。

小艾远远站在一边看旭东忙碌的身影，心中既心疼又后悔，看着旭东要从电缆井里爬上来，她伸出手去拉。看到小艾，旭东又惊又喜地说：手，手脏……

小艾说：快，没事。

旭东上来，小艾边拍打着旭东身上的灰，边不好意思地说：你看我，一点都不知道体谅你，原谅我吧。大宝贝！

旭东有点摸不着头脑，赶紧说：我的错，我的错！

小艾说：那咱们不生气了哦。见我爸爸妈妈的事情，等工程完了再约，你们工友婚期都能推，我这不急。

旭东答应着，俩人相视，都含着眼泪，哭也不是，笑也不是。

旭东说：等下我，换个衣服，我送你回家。

## 10. 回家路上　日　外

（俩人手拉手散步的场景）

小艾说：对了，你还记得这周日是什么日子吗？

旭东若有所思说：不记得诶。

小艾说：再想想，超级重要的日子。

旭东赶忙说：哎呀，可不是么，是我们工程交工的日子。

小艾不开心的样子，旭东赶忙说：逗你呢，是我家小宝贝生日，怎么能忘呢，我假都请好了。

小艾撒娇说：讨厌，你竟然骗我。

小艾追着旭东打。

## 11. 工地　日　外

旭东时不时从口袋里摸出给小艾的礼物傻笑，是一个戒指。此时人群突然乱成一堆，他赶忙跑过去，原来是一直和他们奋斗在一线，几天都没怎么休息的工友晕倒了。

大家焦急地等救护车过来，张工过来说：旭东，这里不能没人，你盯着，我一会就回来。

旭东连忙答应着，将戒指紧紧握着塞回了口袋。

## 12. 小艾家里　夜　内

小艾在厨房里忙来忙去，做好旭东爱吃的饭菜，用手机拍了一张自拍照发给旭东，写道：本宫已将美食备好，望陛下前来共享。

晚上 7 点 30 分，小艾听到了楼道里的脚步声，开心地点燃了蜡烛，关了灯。可脚步声渐渐远去，不是旭东。

这时旭东电话来了，电话那头焦急地说：小艾啊，对不起，工友晕倒了，我得看着工地，估计要晚会了，我错了，回去一定给你补……

小艾放下电话，起身吹灭了蜡烛。

## 13. 工地　夜　外

旭东在工地放心不下一人在家的小艾，时不时看着手表，嘴里叨叨着：完了、完了。

突然一转身，他愣住了。

小艾来了，她提着蛋糕站在不远处，开心地扬扬手中的蛋糕：我来找你吹蜡烛，叫上你工友，一起分蛋糕吃。

看着小艾的笑脸，旭东傻呵呵地笑着，站在原地不动。

小艾走向前去，拉起他的手，发现他手中拿的戒指，一愣，然后微笑着，轻轻在旭东耳边说：我愿意……

微电影《灯心》，荣获“中国梦·劳动美·幸福路”首届全国职工微电影故事片最佳制作奖金奖。

拓展阅读

# 金喜

# 金　　喜

张立新　王秀琴　田文继　刘九大｜国网吕梁供电公司

## 1. 山村梅梅家　夜　内

夜，微弱的烛光摇曳，光影晃动着梅梅家墙上四口之家全家福。

梅梅在写作业。弟弟鹏鹏依偎在姐姐身边。

鹏鹏：姐姐，黑，我怕。

鹏鹏紧紧地抱住梅梅。梅梅也搂紧了鹏鹏。

梅梅自己其实也挺害怕的，她自言自语地说：别怕，伯伯快回来了。

鹏鹏带着哭腔：姐，俺想爸爸——

梅梅搂着弟弟，看着墙上的全家福，说：爸爸死了。

鹏鹏胆怯地说：姐，我也想妈妈——

梅梅狠狠地说：别想她！她也死了！

## 2. 梅梅小院　夜　外

一个黑影手里拿着手电筒，一团光影在他前面移动着。他走进了梅梅家的院子，轻轻地敲着屋门。

### 3. 梅梅家　夜　内

姐弟俩被吓坏了。

鹏鹏吓得往姐姐怀里钻：姐，有鬼！

梅梅抱紧弟弟：别怕，伯伯回来了。

梅梅开门，声音有些发颤，又盼又怕地问：谁？

屋外传来一个声音：金喜。

梅梅高兴地回过头，告诉弟弟：金喜叔叔来了！

鹏鹏一跃而起，高兴地说：金喜叔叔来了！

### 4. 梅梅家　夜　内

梅梅打开门，金喜走了进来：伯伯呢？

梅梅：伯伯到电管站去了。

金喜：怎么不开灯呢？

梅梅：叔叔，开关坏了。

金喜：别急，有叔叔呢。

金喜上炕检查修理电灯开关。灯亮了，光明一下子照亮了这个简陋而混乱的家。

### 5. 梅梅家　夜　内

梅梅、鹏鹏：亮了！亮了！

两个孩子高兴地冲着金喜叫。

金喜坐在桌边：假期作业写完了吗？

梅梅的脸暗淡下来，心事重重的样子。

正在这时候，梅梅的伯父进门了。

梅梅：伯伯，金喜叔叔给我们把灯修好了。

梅梅伯父：兄弟，又麻烦你了。

### 6. 梅梅家　夜　内

金喜掏出一沓钱递给梅梅伯父：孩子们要放假了，这给孩子们用。

梅梅伯父一脸愧疚，不忍，感激，用力推回金喜的手：金喜兄弟，不能再要了。多少年了，你接济了这两娃多少？你有多少钱呀！

金喜：大哥，快收下吧，可不能耽搁了孩子们开学。

梅梅伯父长叹一口气：金喜兄弟，真难为你了。我那可怜的兄弟想不开，寻了短见，那个坏尽良心的女人扔下这两个孩子，死活不见音信。我一个光棍汉，打临时工，挣不了几个，可怜的孩子们多亏遇上你呀！

姐弟俩怔怔地看着两个大人，梅梅感情复杂地看着金喜。

金喜拍拍梅梅伯父的手，看了一眼孩子们：大哥，收下，其他别说了。

梅梅伯父：兄弟，我真的不能要！你一个挣工资的，你也有家，有孩子，有大人呀！兄弟，够了，你帮我们的情，我们会记一辈子。

金喜：大哥，记那干啥呀！孩子读书要紧哪！

梅梅伯父：金喜，这家是个无底洞，你不是开银行的，钱也不是土坷垃，想要多少就有多少……再说呢，俺听局里的人说，你帮着的不止俺们一家呀！

金喜淡然一笑，摇着头，拉过他的手，轻轻地把钱放在他手里，把他的手握成一个拳头。

梅梅有些不情愿和无奈：伯伯……

梅梅伯父深深地低下了头，叹气摇头。

他回过头来，对两个孩子说：孩子们，可不能忘了金喜叔叔呀！

两个孩子抿着嘴，用力地点点头。

梅梅伯父转过身，拉开抽屉翻出一个小本本，拿了根笔，郑重地写下：8月27日，金喜，1000元。

本上还密密麻麻记着：金喜，6月6日，200元；8月25日，300元；5月8日，500元；6月8日，书包两个；7月9日，两个西瓜；10月5日，1000元……

金喜阻拦他：哥，记那干啥！

梅梅伯父双手捧着本本，对金喜、对两个孩子说：人没钱，不能没有心哪！

## 7. 农网改造现场　日　外

农网改造现场。金喜供电所的员工们，有的在电杆上工作，有的在院里忙碌着。

金喜在现场组织指挥。

## 8. 农网改造现场　日　外

印有国家电网标识的工程车停下，一个女人手里提着保温桶朝工作现场走来。

## 9. 农网改造现场　日　外

开车的工友：所长，嫂子看你来了。

金喜向这边回望。小琴往金喜身边走来。

金喜：你来干什么呀？

开车的工友：你多少天不回家，嫂子想你哪！

小琴：谁想个他呀，是我爸妈催着我来给他送药的。你们呀，一忙起来，吃饭没钟没点，要不就是方便面，把胃都弄坏了。

工友们都围上来，七嘴八舌：还是嫂子心疼我们呀！

小琴：你们这群没良心的！你们在外整天跟电打交道，只要你们没进家门，家里人哪个不是揪着颗心！？

小琴把药递给金喜：快，趁热喝了吧。

金喜一边喝药一边对众工友说：弟兄们，加把劲，天黑前，一定得给乡亲们把电送上！

众工友：好嘞。又各自忙碌开来。

金喜对小琴说，老婆，求你个事。

小琴：你还求我呀，咱家什么事不是你说了算！

金喜和小琴往梅梅家里走。

## 10. 小街巷　日　外

金喜和小琴边走边谈。

## 11. 梅梅家　日　内

鹏鹏正在做作业。

梅梅：明天开学呀，假期作业还没做完，快点做呀！

鹏鹏嗯了一声，埋头做作业。

梅梅坐在弟弟旁边想心事边发愣。

## 12. 梅梅家　日　内

金喜和小琴进屋。

两个孩子都抬起眼看小琴。

金喜：这是你小琴阿姨，快开学了，让她帮你们收拾一下。

金喜转头对小琴说：我忙去了。

小琴：这儿放心吧，你可招呼大家伙小心点儿啊！

金喜点点头出门而去。孩子跟金喜打招呼。小琴主动跟姐弟俩搭话，动手收拾屋子。

## 13. 梅梅家　日　内

梅梅伯父进屋。

梅梅伯父叹息：太麻烦你们了，家里没个女人，真不是个日子。孩子们跟上我，可受了大罪了！

梅梅眼神复杂地看着小琴。

## 14. 金喜家　夜　内

室内温馨简朴，床头灯光柔和，墙上挂着挂历。金喜捧着国学书籍。小琴背对着他，有些轻微的赌气。但金喜并不知道小琴的这种情绪。

金喜捅捅她：哎，怎么不说话呀？

小琴嗔怒：薛金喜，你到底背着我在外面干了些啥！

金喜莫名其妙，吃惊地问：你说啥？说着把手里的书扣在被子上。

小琴：你还想瞒我到啥时候呀！

金喜：我瞒你什么了呀？

小琴：梅梅伯父把一切都告诉我了。

金喜松了一口气，故作轻松：你说的是这事啊！

小琴说：你咋不早点告诉我呀。怪不得，给你买双皮鞋你都嫌贵！

金喜深深地叹了口气：老婆，那俩孩子太可怜了，看见他们就像看见咱们的孩子一样心疼！

小琴看看旁边熟睡的儿子，叹口气，将头靠在金喜身上：是啊，太苦了。可你也不该不告诉我呀！

金喜：这不都让你知道了嘛。以后少不了麻烦你。

小琴：从嫁给你，啥事我不是听你的。

金喜拿起书，指着其中的一句话：小琴你看，孔子说“人不独亲其亲，不独子其子”，我这样做，打心里觉得这是做人的本分，帮别人我真的不图啥，帮了人，我心里就快乐，心里就透亮。

小琴赞许地点点头。

金喜看着对面墙上挂着的佛像：这俩孩子是我的佛呀。看似咱帮这两个孩子，其实是这俩孩子在度我们，圆满咱们做人的功德呀！

## 15. 超市　日　内

金喜与小琴给云南麻栗坡贫困儿童买鞋。

金喜与小琴边挑鞋边聊：这次给云南麻栗坡贫困孩子们买鞋，钱都是所里弟兄们一起凑的，你可得帮我们给挑好呀！

小琴：放心吧，这可是我们女人的强项！

金喜：麻栗坡那些孩子们太让人心疼了。

小琴：是啊，冬天还光着脚在山上走路……

## 16. 路上　日　内

一个年轻司机打着手机开着豪车从路上飞驰而过，撞到了骑车送鹏鹏上学的梅梅伯父。

司机探头看了一下前后无人，加速绝尘而去。

梅梅伯父不省人事，鹏鹏吓得直哭。

有人围过来，冷漠地看一眼。

鹏鹏无助地求助：叔叔，救救我伯父吧！

一个人过来扶：真他妈的缺德，撞坏了人跑了！

另一个提醒：你敢扶呀！不怕讹住你！

一辆印有国家电网标识的工程车停下来，两名电网工人挤进人群，扶起梅梅伯父，安慰鹏鹏。

## 17. 医院病房　日　内

梅梅伯父被架着胳膊送到医院。鹏鹏脑袋上裹着纱布站在伯父床前。梅梅站在另一侧。

金喜在梅梅伯父的身边放了些钱。

梅梅伯父：万幸，只是伤了手臂……不能送这孩子上学了。

金喜：没事。我来想办法。梅梅，你快上学去！

梅梅：伯伯成了这样子，我还是留下吧！

金喜：不能误了学习，快回学校吧。

这时候梅梅身上手机响了。梅梅一看，心虚地跑出去。

## 18. 病房外　日　内

梅梅手机屏幕特写：

通天大道（微信名）发来短信：妹子，有赚大钱的机会。哥带你去南方搞传销发大财。

雪中一枝梅（梅梅的微信名）：真的能挣大钱吗？不会骗我吧？

通天大道：骗你不得好死！咱们汾阳好多人跟着我去……

雪中一枝梅：怪脸。

## 19. 供电公司会议大厅　日　内

国网汾阳市供电公司举办金喜爱心接力活动启动仪式，公司领导在主席台就座，金喜在会场前排中间就座。

公司领导：经公司党政联席会议决定，公司开展“金喜爱心接力活动”，组建金喜爱心团队，任命薛金喜为本活动副组长。

众人鼓掌。

公司领导把爱心包一个一个送给十个所长。

金喜站在所长们中间，领导用力和金喜握手。

公司领导：我们要学习薛金喜同志奉献友爱互助进步的志愿精神，为生活困难的家庭撑起爱的脊梁……

这时金喜的手机振动，短信显示：梅梅丢了。

## 20. 路上　日　外

隐隐的雷声。

金喜开车朝火车站飞奔，梅梅伯父坐在副驾驶座位上急切地向金喜讲述着。

## 21. 汾阳火车站前　日　外

乌云翻滚，雷声阵阵。

梅梅提着背着旅行包，走向火车站，她犹豫不决，不时向来路张望。

## 22. 车里　日　内

梅梅伯父：那不是梅梅吗？

金喜停车，俩人跳下来，大声喊着，朝梅梅跑去。

## 23. 路边　日　外

梅梅伯父又急又恨又怕又疼，一把抓住梅梅的背包，举手欲打梅梅：死孩子！你想急死我们哪！

金喜使劲拦住了梅梅伯父的手。

梅梅梗着脖子，把头扭向一边，眼泪流下来。

## 24. 路边 日 外

梅梅伯父掏出梅梅留下的纸条。上面写着（特写）：伯伯，我跟朋友去南方，挣钱养活你和弟弟——梅梅。

梅梅伯父气得发抖：你你你，这是要干啥？你以为钱那么好挣？你知道外面有多乱么？

梅梅咬着嘴唇不吭声，无声地流泪。

金喜很平静地对梅梅伯父说：大哥，别说梅梅了。

金喜转过头对梅梅说：梅梅，叔叔和你谈谈，好吗？

## 25. 路另一边 日 外

金喜：怎么想离开家，不想读书了？

梅梅欲言又止，手搓着衣襟，脚在地上划着圆圈。

## 26. 空镜头 日 外

天空，雷声，下起大雨，过往的车辆。

## 27. 路另一边 日 外

金喜：你怎么舍得离开家，离开学校？

梅梅思想斗争好长时间，终于鼓起勇气，开始宣泄压抑在她心中的苦痛：叔叔，我那个家，根本就不是个家！

金喜：怎么不是个家？

梅梅泪流满面：没爸没妈，这还是个家吗！他们为什么要生下我们！生下了我们为什么又不要我们，不管我们！我恨他们！我恨他们！他们为什么要生下我们！为什么呀！

金喜轻轻地抚着梅梅的背，倾听，频频点头。

梅梅放声大哭：谁家的孩子没有爸爸，谁家的孩子没有妈妈！为什么我跟弟弟的命这么苦呀！

金喜轻轻地说：我们不是还有伯伯，还有那么多人关心你们吗？

梅梅泣不成声：伯伯就是伯伯！叔叔，我恨我爸爸，我恨我妈妈！可我真的想要爸爸妈妈呀！

金喜流着泪点点头：梅梅，叔叔理解你的这种心情。爸爸妈妈其实也是苦命的人哪，他们也有不能说的苦！他们丢弃你们，也是无奈的！别恨他们，好吗？毕竟他们给了你和弟弟生命。

梅梅无言以对，哭泣声渐小。

金喜感叹：梅梅，人生就是个苦海呀，会有许许多多的苦。我们要咬着牙挺住！梅梅，你还小，我们回去吧，还是回去，先好好读书。

梅梅：叔叔，我早就想告诉你，我不想读书了，我真的不想读书了……

### 28. 学校门口　日　外

几位同学的父母站在学校门口，前来看望自己的孩子。梅梅站在一边，满眼是孤独、渴望和伤心。

几个女同学围在一起窃窃私语，她爸爸自杀了，妈妈跟人跑了……梅梅正好从旁边走过。

### 29. 路另一边　日　外

金喜鼓励梅梅：孩子，你要坚强！世上还有比你更难更苦的人！再说还有那么多的人关心你们。

梅梅：每次你们给我们钱，我的心就痛，我就想哭，给我们钱的为什么不是我们的爸爸妈妈？叔叔，真的，我怕考不上学校，白花了你们的钱，让你们失望。

金喜沉重地点点头：梅梅，叔叔，还有那些帮你们的好心人，只是不想让你们失去读书的机会，没有其他的意思，你不要有心理负担。我们先回去吧……

雨还在下。梅梅终于回心转意，她抬头看着给了自己和弟弟父亲般大爱的金喜，有些羞涩，充满渴望，眼含热泪：叔叔，我答应你，回去好好读书。你能答应我一件事吗？

金喜点点头。

梅梅：叔叔，我想抱抱你。

金喜庄重地点点头，满脸诚挚的关爱之情，展开双臂，像拥抱自己的孩子，把梅梅紧紧搂在怀里……

微电影《金喜》，荣获“中国梦·劳动美·幸福路”首届全国职工微电影故事片最佳制作奖银奖。

拓展阅读

# 任有才　没嘛达

# 任有才　没嘛达

姚元元 | 国网运城供电公司

## 1. 佳佳食品厂办公室　日　内

严爱国指着任有才的鼻子厉声说道：我告诉你，任有才，不是看在咱是一个村的份上，我早收拾你了！咋，你看我这厂子挣钱眼红了？说完用手指着电费清单：上个月我这厂子设备检修，就没有生产，变压器凭啥还有这么多损耗？

任有才哭笑不得：爱国，虽然没有生产，可这变压器没有报停，按规定是要收取变压器损耗，这电费可没有嘛达！

严爱国：任有才，你们口口声声说是支持企业发展，我看实际就是想方设法蹭油水！

任有才努力控制自己的情绪：我过来就是告诉你，夏天用电量大，让你们的电工勤检查供用电设施。我还有事，先走了，有啥用电问题给我打电话！

严爱国：托你任没嘛达的福，我厂子用电也没嘛达！不送了！

## 2. 乡间公路　日　外

任有才骑着摩托车行驶在风景秀丽的山间公路上。两边农作物长势正好，任有才思绪万千。回想起他背着工具包与同事小王走在崎岖路上清理线下廊道，手被利刺扎破，放入口中允吸一下吐掉，继续清理；又想起他烈日下从陡坡上滑下来，靠在坡上摘下安全帽，满头大汗，从包里掏出一瓶水喝；在野外树荫下，两人吃着自带的馒头咸菜；落日余晖下，两人夯实拉线坑；月光下，与同事抢修故障的变压器等等往事的画面。

旁白：我叫任有才，是韩阳供电所的一名普通职工，保障 62.14 千米的 10 千伏电网线路和 97 台变压器的安全稳定运行，是我和徒弟小王工作的全部内容。大家平时都叫我任没嘛达，没嘛达其实是我的口头禅，那是因为我喜欢把事情尽力做到最好。

### 3. 任有才家院里　傍晚　外

任有才推着摩托车走进自家院里，妻子李小芳上前迎接，拿一条毛巾先拍任有才身上的土，又递上一盆水让任有才擦洗。

李小芳：咋又回来这么晚？看看你，把自己弄的跟野人似的，又巡线去了？

任有才：嗯，这些天雨水多，我不放心山上那一段线路。

李小芳：人家要求一月巡线一次，你十天就巡一次，还会出嘛达？小王跟着你这没嘛达多遭多少罪！对了，任虎和小伟都来了，不知道找你有啥事。

### 4. 任有才家客厅　傍晚　内

任有才走进客厅，任虎与李小伟站起来迎接。

任虎很拘谨的说道：有才，你回来了。

李小伟：姐夫，想见你这个大忙人一面可真是不容易啊！

任有才笑道：真不知道你们在家等我，咋不打个电话呢？任虎，有啥事，你只管说！小伟，你先到外面和你姐说会话。

## 5. 任有才家厨房　夜　内

李小芳切菜，小伟靠在一旁闲聊。

李小伟：姐，我姐夫是不是升官了？我听说找他帮忙的人还不少呢。

李小芳：你姐夫被市里评了一个“党员示范户”，帮扶咱村里六十户人家呢！

李小伟：呀，那人家给我姐夫发不少钱吧？

李小芳瞪一眼小伟，继续切菜：你就知道钱！你姐夫这是义务为大家服务呢！

李小伟似有所思道：我姐夫真是傻得可以啊！

## 6. 任有才家客厅　夜　内

任虎：有才，我实在张不开嘴啊，可我又不知道该找谁，你是咱村的党员示范户，想来想去，就找你来了！

任有才：说明你信任我，没嘛达！

任虎：我姑娘今年考上大学了。

任有才：这可是个大喜事呀，你家丽丽就是懂事，从小学习就好！

任虎面露难色：唉，我的鱼塘今年赔了几万块钱，我想买一些机器和饲料，指望下半年能打个翻身仗，可这钱都没着落，拿啥给姑娘当学费呢！

任有才：你没想着去信用社贷款？

任虎：想了，可没有担保人啊！就算是信用社同意放贷，丽丽下星期就开学，来不及了。

任有才沉思片刻：这样子，这个担保人我给你当，这几天有空咱们就去信用社申请。至于丽丽上学，明天晚上你到我这先拿五千块钱，丽丽好不容易考上大学，不能因为学费的事给耽误了。

任虎激动地站起来，伸手拉住有才的双手：有才，真是太谢谢你了！我知道你也不宽裕，你放心，今年我一定好好干，借你的五千块钱年底一分都不少还上。

任有才拍拍任虎的肩膀：我还不相信你。

说完任有才送任虎出门。

### 7. 任有才家小院　夜　外

李小芳麻利的摆着餐桌。

李小伟：姐夫，吃饭了。

任有才手拿一瓶酒、两酒杯走来：小伟，今天陪姐夫喝两盅。

李小伟：好咧！说罢接过酒和酒杯：我来倒。端起酒杯：姐夫，这第一杯酒我先敬你，恭喜姐夫评了什么，哦，党员示范户。

任有才：这没啥，大家过日子都不容易，相互帮忙是应该的。

说罢两人一饮而尽。

李小芳：你两个少喝一些，多吃菜。

李小伟：姐夫，你帮别人这么多忙，也帮帮我嘛！你看我，我和我媳妇一天到晚为钱的事情可没少吵架。

任有才：没嘛达，你说。

李小伟：姐夫，我和我伙计准备搞一个加工厂，现在的生意都不好做，成本能节约一些，这钱就挣下了。

任有才边吃菜边点头：嗯。

李小伟：姐夫，我听说这加工厂的电价高的很，一度电就快八毛钱呢。

任有才：装峰谷表，电价就没这么高。

李小伟：姐夫，你看我这厂子就在咱村西头原来老仓库那儿，听说浇地的农业灌溉电价特别低，刚好老仓库边上有个浇地的变压器。姐夫，你看，能不能从那儿给我厂里接根线？

任有才只管低头吃菜，不接小伟的话。

李小伟：姐夫，你说行还是不行嘛？

任有才看看小伟，不紧不慢正色道：你倒会动脑子钻空子。小伟啊，你啥时候能把心思放正了？不是姐夫不帮你，这是违反政策的事情，不行啊。

李小伟：姐夫，你不是没嘛达嘛？你成天帮外人那么多忙，自家的事情却不管。姐，你看，我姐夫咋胳膊肘朝外拐呢？

李小芳面露难色，看着任有才依然在吃饭，也不知该说什么，于是劝道：小伟，吃饭吧，别说了。

李小伟扔下筷子，暴怒道：任有才，从现在开始你就应该叫“有嘛达”。我姐咋瞎了眼看上你了呢！你家这饭我吃不起，你家的门以后我更进不来了！说完扭身就走。

李小芳起身去追：小伟，小伟。

任有才端起面前的酒杯，将酒一饮而尽，摇摇头：唉。

## 8. 任有才家院落　日　外

任有才准备下地工具，李小芳走了过来。

李小芳：你好不容易下一次地，还带工具包、安全帽干啥？

任有才：呵呵，放在摩托车上又不碍事。

## 9. 责任田　日　外

任有才和李小芳在责任田里干农活，任有才电话突然响起。

严爱国：任没嘛达吗？不是，有才吗？我是严爱国。

任有才：哦，爱国，有啥事情吗？

严爱国：有才，我厂里刚才突然停电了，我们电工找不出问题在哪。备用发电机也坏了，再不来电，锅炉凉水进不来就会爆炸，我求求你过来看看吧！

任有才：你稍等，我马上就过来。

任有才随即开始打电话：公司调控中心吗？我是韩阳 803 线路负责人任有才，佳佳食品厂突然断电，厂里锅炉有可能发生爆炸，请求立即停止 803 线路供电，随后我办理事故抢修单。

任有才又拨通了小王的电话：小王，通知所里，马上到佳佳食品厂抢修！

李小芳：什么，佳佳食品厂要爆炸了？你们去不是送死吗？

任有才边发动摩托车边说：没事，我把事故点处理了，锅炉就不会爆炸了！话音未了，摩托车已经疾驰而行。

李小芳对着任有才的背影大喊：你可千万要小心哪。

## 10. 佳佳食品厂　日　外

严爱国和工人焦急的在大门口等待，看到任有才骑着摩托车驶入厂里。

严爱国吩咐门口的工人：赶紧让开路。

又冲着任有才笑嘻嘻道：有才，你来了。

任有才直接驶向厂里变压器处，这时供电所的抢修车也正好赶到。

任有才边和同事准备抢修工具边问道：还有多长时间？

严爱国：最多还能撑一个小时，一小时内电送不上，锅炉上不了水，锅炉内热水耗干就会爆炸了！有才，上次我态度不好，你别和我计较，要是锅炉爆炸了，我这厂子就完了……

任有才：你招呼大家都出去吧！（用手指着抢修单扭头吩咐同事）李嘉、赵诚你们带人分头检查厂里线路，小王你和我检查变压器。随即与同事打开变压器配电箱检查，发现是空气开关烧坏了。对严爱国说：没嘛达，一会就好！

任有才将空气开关装好后，又仔细检查了一遍，看看手表说了一声：好了，通知调控中心送电，还有十分钟时间。

锅炉显示指针慢慢恢复正常，在场的每一个人都吐了一口气，继而发出欢呼声，严爱国兴奋地抱住任有才，不住地道谢。

旁白：工作 22 年了，这份外人看来枯燥而艰苦、甚至带有危险的工作，却让我觉得做人很值！我管辖的供电线路正如一个小家，小家稳定，大家、国家才能繁荣，大电网也才会真正可靠、坚强。

微电影《任有才　没嘛达》，荣获“中国梦·劳动美·幸福路”首届全国职工微电影故事片最佳创意奖银奖。

拓展阅读

# 无法接通

# 无　法　接　通

陈海青｜国网忻州供电公司

## 1. 序幕

一部手机的特写。

旁白：对不起，您所拨打的电话暂时无法接通……

## 2. 晋北某地　夜　外

夜幕降临，大地剧烈晃动，不远处的山体瞬间发生垮塌。

山上的输电线路铁塔开始倾斜。大地晃动越来越厉害，导线被崩断，铁塔摇摇欲坠。

巨大的岩石急速滚落下来，崩塌的土方将附近的房屋掩埋。

## 3. 赵家沟刘晋峰住的窑洞　夜　内

窑洞里漆黑一片，刘晋峰躺在炕上，猛地惊坐起来，大口大口喘着粗气，他用手抹了抹额头的汗，咽了口唾沫，喃喃自语道：狗日的！是个梦，是个梦。

刘晋峰顿时觉得喉咙干渴，翻身下地倒了杯水喝了。

刘晋峰再爬到炕上，翻来覆去怎么也睡不着。他端着水杯靠在床头，让自己慢慢平静下来，不禁回想起从家里出发时的情景……

**4. 输电运检组会议室　日　内**

会议室里，输电运检组主任、班长、刘晋峰等人，围坐在一起。

主任指着桌子上的赵家沟地形图说：这次发生在赵家沟的地质灾害，其实很大程度上是人为因素，煤矿开采造成山体沉降、滑坡，谁的责任暂且不谈，关键是这个地方刚好是咱们的500千伏神忻Ⅱ线和220千伏荣原Ⅰ线铁塔保护区，已经严重威胁到了线路安全。现在已经报请省公司了，初步计划要迁改线路。这500千伏线路是直通北京的主力输电线路，改线前必须严防死守，不能出现任何问题。

刘晋峰：主任，我去蹲守。

主任：刘师傅，你年纪这么大了，我不想让你冒这个险。

刘晋峰：有啥险！放心，我巡线那片儿去得多，对那儿情况也熟悉。

主任：去了和煤矿打交道，山上海拔又高，你这腰伤还没好利索，我实在不放心。

刘晋峰：下一步要线路改迁，爬杆子蹬塔我更干不了。这几个年轻的，不是准备结婚，就是家里孩子小，我这老头子也方便，去那儿正好。

主任把背靠在椅背上，右手挠了挠头：是啊，咱们现在人手是真紧张。几个重点工作同时开，各班的人都去现场了。利国的孩子马上要高考了，高师傅的老母亲病重又不能离开人……那这样吧，你带上你徒弟小段，让他熟悉一下情况，你们两个轮流换休。

刘晋峰：好，好，好，我和徒弟商量着办。

主任：这次蹲守情况比较特殊，地形复杂，条件艰苦，时间也会很长。有随时发生二次灾害的危险。你们要密切关注线路周围的险情，特别是要关注采煤厂的作业。刘师傅，那您老就多担当点。那边的情况随时报告，好让省公司统筹安排。

刘晋峰：没问题，放心，放心。

主任把地质灾害图交给刘晋峰，又交代了一会。

### 5. 办公室楼道　日　内

小段跟着刘晋峰来到楼道，边走边说。

小段：师傅，咱啥时候走？我回家收拾收拾。

刘晋峰：你安心张罗结婚的事儿吧，这一趟上去少则半年，你跟着我上了山，万一连个电话也打不通，人家姑娘该有意见了。我这老头子又没事，我去吧。还有，你去参加工程抢修，抢修干得多了，技术也就练出来了。有事我联系你。

小段：师傅……那……

刘晋峰：那什么那，就这么定了。

小段：那好，你那有什么情况，就联系我。

### 6. 刘晋峰家　日　内

早晨，刘晋峰的妻子轻手轻脚地把馒头、咸菜和一碟牛肉端上了饭桌。

刘晋峰从洗漱间出来，一边挽着工作服的袖子，一边走到饭桌旁。

刘晋峰：你咋不多睡会儿，我自己简单吃点就行了。

刘妻没接他的话，边盛粥边说：唉，你腰还没好利索，去山上呆那么久，再犯了可咋办？身边也没个人……

刘晋峰拉出椅子坐下，伸手从盘子里拿起一个煮鸡蛋，边剥鸡蛋皮边说：线路要改迁，单位里一大部分人上工地施工了，我在家也坐不住。再说那一带我都跑了多少回了，情况熟，我去也合适。

刘妻：你一个人，吃住自己多操心。我给你把护腰和护膝都装在包里了。要是过阵儿有车过去，我再给你捎些吃的用的。

刘晋峰：放心吧！那一带山上信号不好，我每天去高处走几趟，高处有信号！

刘妻：还说呢，闺女打电话，啥时候给你打通过，每次想问问你身体咋样，都得打回家里问我。唉！再有一年就大学毕业了，孩子几次叫你去她上学的地方转转看看，你就是挤不出个时间来……

刘晋峰看了看表，一仰头把粥喝完，放下饭碗说：行了！估计车来了，我得走了。妈那儿你两三天去看看，老太太有几种药快吃完了，我昨天买好放在柜子上了，你记得给她送过去。

刘妻：嗯，放心。

刘晋峰起身抽了一张纸巾，边走边擦嘴。走到门口拿起准备好的行李，开门走了出去。

### 7. 赵家沟路口　日　外

电力工程车在赵家沟路口处停了下来。

刘晋峰打开车门下了车后，年轻司机把行李拿下车交给了刘晋峰。

刘晋峰挥手与司机道别，然后就转身朝赵家沟深处走去。

### 8. 学校　日　内

刘晋峰女儿左手托着腮，盯着桌子上的手机。

对不起，您所拨打的电话暂时无法接通，请稍后再拨……

### 9. 赵家沟沟边　日　外

刘晋峰沿着山路走近沟边一看，猛吃一惊，他连忙放下行李，仔细一看，只见山体被挖得千疮百孔。

沟底煤矿工地上扬起的黄土和灰尘，把沟底搞得乌烟瘴气。

只听工地上传来轰鸣的机械声，挖掘机、炮锤机、装载机、倒碴车、拉煤车都在忙着不停地作业。工地上方的导线闪着亮光。

刘晋峰从包里取出工具，朝距离电力线路较近的地方走去，然后用经纬仪进行测量定位。

刘晋峰掏出手机，拨了几次都打不通。他拿着电话，左右移动，一会儿蹲下，一会儿站起来，试图找到信号好的位置。

刘晋峰往高处走了几步，终于有信号了，他拨通了电话。

刘晋峰：主任，我现在到了山体滑坡现场，这里已经被折腾得不成样了。咱们的线路周围情况严峻，如果下面工地继续施工有可能危及线路安全。

电话里传来主任的声音：老刘，你尽快确定了隐患的具体位置，为下一步迁改提供数据。另外，盯紧现场，不能让他们造成更大的破坏。

刘晋峰：好，放心吧！

刘晋峰挂断电话一刻也不敢耽搁，背起背包直奔山体滑坡现场。他一个坡、一个危险点、一个裂缝地仔细观察，不是拿相机拍照，就是用纸笔记录。

一阵忙碌之后，刘晋峰觉得身体有些疲乏，他放下手上的工具，用力伸了伸腰，又用手在后腰敲了敲，在旁边的土堆上坐下休息。他看看手表，已经下午三点多钟了，才突然想起午饭都忘了吃。他从包里翻出一袋饼子和一瓶水，取出来大口大口地嚼了起来。

刘晋峰嚼着嚼着好像突然想起了什么事情来，急忙沿着小路朝赵家沟沟底方向走去。

## 10. 赵家沟煤矿施工现场　日　外

刘晋峰走到沟底，老远就看到煤矿上的挖掘机，作业高度已经超安全距离，他急忙跑上去制止。

刘晋峰双臂交叉摆动，冲着挖掘机喊：师傅！快停下！

施工机械上的司机，不理会刘晋峰，继续挖掘作业。

刘晋峰无奈，又小跑到铲车跟前，指着高压线，大声制止。

刘晋峰：上面是高压线！太危险！注意你们自己人身安全。

司机一脸不悦地说：你哪儿的？没看见正在干活吗！我这铲车斗子要是铲住你，我可不管啊！赶紧走！别在这儿乱转悠了！

这时，一个年长的矿工走了过来，警惕地上下打量着刘晋峰。

煤矿老哥：你哪儿的？

刘晋峰：我是供电公司的护线员！你看你们这施工多危险，头顶上就是高压线！

煤矿老哥：啥？你说不让干就不干了？停工一天损失多少钱，你负责还是我负责？

刘晋峰指着山坡说道：不是不让你干，上面是高压线，要空开 10 米的安全距离！还有，你再看那儿，都山体滑坡了。很危险呀！

煤矿老哥：嗨，没事，采矿都是这样干的，我们矿上把附近村子都收购了，村民都搬走了，这里的事我们说了算。

刘晋峰一听急了，指了指山坡上的铁塔说道：人是没事，那铁塔咋办？这要倒了，城镇得停电，工厂得停工，这个责任谁也担不起！

煤矿老哥一脸事不关己的样子：这和我们有啥关系！说完转身走了。

刘晋峰无奈地看着煤矿老哥走远的背影摇头叹了口气，悻悻然朝赵家沟走去。

## 11. 学校寝室　日　内

刘晋峰女儿斜倚在床头，拿着手机。手机开着免提：对不起，您所拨打的用户暂时无法接通……

## 12. 赵家沟村　日　外

刘晋峰走到村口，边走边打电话。

刘晋峰：喂！老宋，我是供电公司的刘晋峰，记不记得?

电话里面传来不太清晰的声音：谁?

刘晋峰声音大了一点说：供电公司，老刘！以前上山巡线，经常在你家住的老刘!

电话里面传来了宋老汉的声音：哦，老刘，刘师傅!

刘晋峰：对！对！对！我又来啦！刚进村。我要在这里住上一阵子，又麻烦你呀!

电话里面传来了宋老汉的声音：不怕，来吧！你还住以前那间房，你先收拾收拾，等一下我给你烧炕。

## 13. 赵家沟宋老汉家　夜　内

宋老汉左手提着袋子，右手提着桶水，用脚勾开门，走进屋里。

刘晋峰连忙接过水桶，道了声谢。宋老汉帮他点火，张罗着把炕烧上。

宋老汉：老刘，你放心住吧，条件差些，凑合凑合！给你拿了些山药蛋和莜面，你先对付着吃!

刘晋峰：煤矿开了多长时间了?

宋老汉：有俩月了，白天黑夜轰轰的，觉也睡不成，天天街上刮煤粉，抠出鼻涕都是黑的。

刘晋峰拍了拍手上的土，从口袋里掏出一盒烟，递给宋老汉一支。

刘晋峰：老宋，你家房前头老刘家也搬进城里啦？刚才看见黑洞洞的，院门也上锁了。

宋老汉坐在床沿上，接过老刘的烟，没有点，顺手夹在耳朵上。宋老汉叹了口气说：这几天村东头有好几条疯狗，不知道哪跑来的，老刘家小子村口耍着被狗咬了，送进县里医院了。唉，六七岁个小娃娃，烧了好几天，也不知道咋样了，你出去可要小心那些狗。

## 14. 煤矿施工现场　日　外

刘晋峰扛着警示牌、警戒线等东西直奔煤矿施工现场。

刘晋峰先是在高压输电线对地高度安全距离之外的煤矿施工位置竖起警示牌，然后又在周围区域拉上警戒线。

准备开工的煤矿工人们看到了刘晋峰，朝他走了过来。

煤矿老哥：哎，你咋又来了？

刘晋峰掏出一包烟抽出一支递了上去，煤矿老哥对刘晋峰态度明显好了些，随即把烟接了过去。

刘晋峰：老哥，这矿上，你算岁数大吧。

煤矿老哥：是，我最老，新招来的都是年轻人。

刘晋峰：那你是管事的吧。

煤矿老哥：嗨，啥管事的，我就是个采矿辅导员，做技术的。

刘晋峰：这山上出煤挺多？

煤矿老哥：哦，煤量不小。看见那个山体滑坡的地方了吧，就数那儿最多。

刘晋峰：山体滑坡，很不安全吧。

煤矿老哥回身指了指不远处的山体，说道：看见没？这底下打了 200

多根液压柱。很多设备都在底下，矿上也担心。

刘晋峰：那我想跟师傅们说道说道这个安全作业的事儿，这高压线下作业可得注意，一出事就是人命关天的大事。

煤矿老哥：行，别耽误太长时间啊。

刘晋峰转身召唤工人们：哎，大伙都过来听听。

工人们围了上来。

刘晋峰：师傅们，这上面是 50 万伏的高压输电线，导线与地面的距离应该是 8.5 米，考虑到实际情况，安全操作距离应该在 10 米以上。你们的大型机械没有可靠的接地设备，在高压线附近施工要穿绝缘鞋，戴绝缘手套！身上要干，干活的时候衣服上可不能有水啊！光膀子出汗了也不行。

旁边干活的工人陆续围了上来，互相议论了起来。

## 15. 学校操场　日　外

刘晋峰女儿和同学在操场跑步，耳朵上别着蓝牙耳机，边跑边气喘吁吁说：妈，我爸这是在什么地方出差啊？怎么 24 小时没信号。这段时间他的电话就没打通过。不是出啥事儿了吧？

## 16. 铁塔下　日　外

刘晋峰在隐患最严重的输电线路铁塔上安装了有线监控和铁塔倾斜仪。

刘晋峰摆弄机器，发现不行，随即对着铁塔自言自语道：这信号弱得哪行，这高科技有时候还不如我给你拴的这根线顶用。

刘晋峰拿出一个量角器、一根线、一个螺栓制造成的简易观察仪。刘晋峰一边测量一边记录数据。

不远处的煤矿老哥走了过来。

煤矿老哥：唉，你还在啊，一个人在这待多久了，天天围着几个铁塔转悠，有啥意思呢？

刘晋峰想了想说道：时间不长，也有几个月了吧。

煤矿老哥：我以为供电公司上班多滋润哩，原来你们也挺辛苦！

刘晋峰笑着摇摇头：啥事都不容易啊！

## 17. 滑坡处　日　外

刘晋峰把自制的警示牌插在铁塔基础旁边的土里，拿起地上的石头又往下敲了敲。他拍了拍手上的灰，捡起地上的包背上，往回走。

刘晋峰回头看了眼警示牌，不是很满意，折回去掏出粉笔，又把牌子上的字描粗。

刘晋峰边走边听着收音机，走到村东的时候，收音机的音乐声吸引了村里疯狗。

疯狗龇牙咧嘴冲着刘晋峰逼近，刘晋峰吓得连连后退。

宋老汉：狗日的！走开！走开！再不走！老子打你个狗日的！

狗突然向远处跑去，刘晋峰回头一看，原来是宋老汉挥舞着一根粗树枝在冲着狗大吼。

## 18. 赵家沟沟边　日　外

刘晋峰一手拿仪器一手拿着记录本，嘴里叼着笔，边测量边记录着。测量完后，他找到信号较强的地方，提高声音打电话。

刘晋峰：主任，500 千伏神忻Ⅱ线 88 # C 腿山体沉降滑坡，和上月相比没有新增土方，塌方滑坡边缘距也没有变化，89 # 塔小号侧没有新增裂缝，裂缝宽度和上月相比也没有变化，裂缝最宽处 12 厘米、最长处 110 米，两基铁塔目前为止都还没有发生倾斜，汇报结束。

小段一直守在主任旁边倾听，这时抢过电话。

小段：师傅，你腰咋样？一个人都顶了这么久了，改迁施工都快完了，后天工区车上去，我去替你！

刘晋峰一听是徒弟的声音，带着调侃地说：你娃娃家连个饭都不会做，带你新媳妇上来住呀？

主任再次接过电话：刘师傅，我们安排小段和老张一起上去。一来你在上面时间太长了，身体也吃不消，二来工区要采集一部分基础资料，小段的无人机正好派上用场。

刘晋峰：换人上来又得重新适应，还是我在好哇。反正也没几天就改迁完了，这儿情况我也了解，矿上人也都熟了。有我在，你就放心吧！

主任：行啦！你就别犟了！收拾收拾，后天回家。

## 19. 学校寝室　日　内

刘晋峰女儿一手拿着筷子，心不在焉得拨着碗里的菜，一手拿着手机，边听边独自嘟囔：这是什么破地方，一个电话也打不通……

手机里传来系统回复的声音：对不起，您所拨打的用户暂时无法接通……

## 20. 赵家沟刘晋峰住处　日　内

刘晋峰起床叠被子，一边添柴烧火，一边跟着收音机哼唱起了北路梆子：红红绿绿在那身上穿，夸富贵打扮得花枝招展。

刘晋峰三口两口就把汤饭吃完，拿起桌子上的笔，在巡检记录本上填好记录。

特写：巡检第 156 天。

刘晋峰收拾好行李，工具包一背，出门后转身把门关好。

刘晋峰走到宋老汉门口，敲了敲门。

刘晋峰：老宋，我回呀，单位的车来接我。一会儿小段和老张来了还住这儿，你招呼他们哇！

宋老汉：好，好，好，甚会儿再来，给我打电话。

刘晋峰：好，我走了啊！

宋老汉：你路上慢些啊！

刘晋峰走出门外停了下来，点了支烟，哼着北路梆子继续往前走。

## 21. 村口　日　外

刘晋峰沿着小路走到了村口，一辆工程车由远及近向村里驶来。

刘晋峰冲着工程车喊：喂！不好掉头，停下哇！我过去！

那几条疯狗听到动静，从一家空院里跑了出来。狂吠着，盯着刘晋峰一步步逼近……

刘晋峰屏住呼吸，悄悄往后退了几步，没想到，身后是一块儿虚土，刘晋峰一脚踩空，从土坡上滚了下去。

小段大喊：师傅！随即就和司机从工程车上跳下来，朝刘晋峰摔下的地方狂奔而去……

## 22. 校图书馆　日　外

刘晋峰女儿低头看书。

静悄悄的图书馆里，突然响起手机震动的声音。刘女看了一眼手机屏幕，忙接起了电话。

手机里传来刘晋峰的声音：闺女，爸出差刚回家，你忙啥呢……

刘女露出笑容，压低声音道：没事，爸，就是惦记你，你没事就好……

（字幕）刘晋峰从春天接受任务上山，到深秋输电线路迁移改造完毕投入运行，他在线路保护区蹲点守护156天，他坚持坚守着采空区附近10基铁塔，发现线路隐患缺陷20余处，现场制止危急线路安全施工7次，现场宣传电力保护知识、指导工地安全施工70余人次，在危险位置补加警示牌20块，设立警戒线500多米，保障了两条电力高压线路安全无恙。

# 我的爸爸

# 我 的 爸 爸

王　峰　霍佳丽｜国网山西送变电公司

## 1. 施工工地　日　外

朝阳映红天际，山峦间，一座铁塔矗立。

繁忙的施工工地。李玉正在工作。

李玉：大伙儿加把劲，中秋之前争取把这几段流程（线）放完。

工人们：好嘞！

李玉走进自己在施工工地的宿舍——行军帐篷。

## 2. 帐篷内　日　内

帐篷内简单、整洁，帐篷四壁粘贴着安全规范守则、国家电网标语；一张单人床，一张桌子。

桌上摆着专业书籍、测绘工具、施工图纸、相框（妻子和孩子的照片）。李玉拿起相框，看着照片幸福地微笑。

## 3. 校园内　日　外

下课铃声，学生们纷纷走出教室，校园内顿时沸腾起来。

## 4. 教研室　日　内

教研室内，老师们分别整理着自己的教案。

宋老师指着作业本：阳阳，作文为什么只写了一个标题？

阳阳低着头咬着嘴巴，有些局促不安。

宋老师：总是有原因的，能跟老师说说吗？

阳阳不说话。

宋老师：身体不舒服？

阳阳不说话。

宋老师：是不是贪玩儿了？

阳阳抬头怯生生地看着宋老师，不知所措。

宋老师：那老师就要批评你了，阳阳已经是大孩子了，应该先把布置的作业做完以后再做别的事情，不然的话……

阳阳：宋老师，我没有！

宋老师听阳阳继续说。

阳阳：我没有贪玩。

宋老师：那阳阳一定是遇到什么困难了，说出来，看看老师能不能帮助你。宋老师留心观察着阳阳的神情和举动，阳阳看着宋老师欲言又止。

宋老师：阳阳，你看这样好不好。马上就到中秋节了，过节的时候多和爸爸聊聊天，用心观察一下他。老师相信，你一定会对爸爸有一个全新的认识，并且也一定能写出一篇非常生动、形象的作文的，好吗？时间也不早了，回家吧。

## 5. 教室走廊　日　外

走廊里，阳阳无精打采地走着。

小胖和同学甲、乙在阳阳身后指指点点、嘀嘀咕咕。

## 6. 校园小路　日　外

校门口，家长们陆陆续续接走自己的孩子。寂静的校园。

阳阳背着书包，一个人走在校园小路上。阳阳情绪低落的走着，时不时踢着路边的石子。一块石子被阳阳踢开。石子滚动到一双鞋下。阳阳顺着石子滚动的方向抬起头。小胖和同学甲、乙堵在路上。

小胖：阳阳，你怎么总是一个人回家啊？

阳阳不理小胖。

同学乙：怎么从来没有见过你爸爸来接你呀？

同学甲：你爸爸是做什么的，为什么每次家长会都是你妈妈来，你爸爸呢？

阳阳试图绕开小胖，小胖纠缠着阳阳。

小胖：阳阳，你爸爸是不是不要你了？

同学乙：问你话呢！干嘛不理我们？

小胖把胖嘟嘟的脸凑近阳阳。

小胖：你是不是没有爸爸？

阳阳：你才没爸爸！我爸爸在外地工作，不能老回家来看我！

小胖：你就是没有爸爸！

阳阳：你才没爸爸！

小胖：我们都没见过你爸爸！

阳阳：你才没爸爸！

小胖：所以你才写不出作文！

阳阳：你才没爸爸！你才没爸爸！你才没爸爸！（几人扭打在一起）

## 7. 施工现场　日　外

一阵风刮过施工现场，顿时飞起尘土。工人们倚在施工现场的安全区域内吃饭。李玉蹲在地上迎着风，查看身边的图纸。刘师傅端着两个饭盒走近李玉。

刘师傅：来，吃饭！

李玉站起身的一瞬间，眉头微皱，下意识的用手轻轻捂了一下胸口。

刘师傅：怎么了？伤口又疼了？

李玉：哪有那么娇气？又不是大姑娘！来，吃饭。

## 8. 李玉家中　日　内

妻子在洗菜、切菜。锅内熬着的粥“咕嘟咕嘟”。客厅里传来开门、关门声。

妻子：阳阳回来了？今天学校怎么样？快洗手吃饭了啊，吃完赶紧做作业。

阳阳没有答话，径直走进自己的卧室，关门。

妻子欲推开阳阳的卧室门。卧室内传出孩子的抽泣声。

妻子：阳阳，饭好了，出来吃饭吧。

吃饭时阳阳情绪很低，妻子欲言又止，妻子为阳阳夹菜。

妻子：多吃青菜，长得高。

阳阳有一搭没一搭的扒拉着碗里的饭。

妻子：儿子，今天怎么了？闷闷不乐的。挨老师批评了？跟同学闹矛盾了？还是……

阳阳：妈妈，后天是不是中秋节？

妻子：嗯。

阳阳：那中秋节有什么特殊意义？

妻子：中秋节是咱们中国的传统节日，每到这一天，天南海北的亲人都会聚在一起，吃月饼，赏月亮。

阳阳：那爸爸后天会跟我们一起吃月饼，赏月亮么？

妻子岔开话：阳阳作业写完了么？

阳阳：还没。

妻子：那赶紧吃，吃完饭进屋写作业，写完了妈妈检查。

阳阳：哦！

说罢两人低头吃饭。

## 9. 施工工地　昏　外

李玉和大家站在山岭上讨论工作。

## 10. 李玉家中　夜　内

妻子走进阳阳的卧室。卧室里，台灯还亮着，阳阳已经安稳入睡。妻子帮阳阳收拾书桌。书桌上，作文本上写着一行字：我的爸爸，我的爸爸是一个连中秋节都回不了家的人。

妻子坐在儿子的床边，心疼地看着儿子，为儿子掖掖被角，关掉台灯。

妻子依在床上翻看家中的相册。

## 11. 野外　日　外

（阳阳做梦）李玉和阳阳各种追逐、打闹、嬉戏。阳阳向前跑着，突然，李玉消失不见。逐一出现宋老师、小胖、同学甲乙的责备和嘲笑。

阳阳拼命捂着耳朵蹲在地上，使劲摇头，此时，身体不由自主也跟着摇晃，似乎有一个声音在召唤自己。

## 12：阳阳卧室　日　内

妻子坐在床头晃动着噩梦中的阳阳。

妻子：阳阳……阳阳……阳阳……

阳阳被妈妈晃动醒，一下子扑在妈妈的怀里。

妻子：怎么了，我的宝贝儿子？做噩梦了吧？

阳阳点点头，又摇摇头，抬起头来带着眼泪笑。

阳阳：妈妈，我梦见爸爸了。

妻子：梦见爸爸什么了？

阳阳：梦见爸爸跟我玩游戏，玩得可开心了，暖暖的阳光，软软的土地，轻轻的微风，爸爸一直追着我，抱着我，爸爸身上的味道可好闻了，有一股青草的香味，可是，当我一回头，爸爸却不见了。

妻子：傻小子，梦里哪有味道？

阳阳：有味道，很好闻的味道，只有爸爸才有的味道。

妻子：我看你啊，是想爸爸要想疯了，他要是再不回来啊，你都要得相思病了，到时候我看他心疼不心疼。

阳阳：爸爸工作忙，不能怪爸爸。妈妈，我想到一个好办法可以让爸爸和我们一起过中秋节。

妻子：哦？让妈妈听听我的宝贝儿子又想出什么鬼点子了？

阳阳：妈妈你想，我做梦梦得见爸爸，那你也可以梦见爸爸，妈妈你快躺下，我们今天哪里也不要去，就在家里躺着睡觉！一起梦爸爸！跟爸爸在梦里团聚，吃月饼赏月亮！好不好？

妻子听了心里很难受：乖宝儿，告诉你一个好消息，爸爸今天会回来看我们！

阳阳兴奋的从妈妈的怀里做起来：爸爸今天要回家？真的？没骗我？

妻子：当然是真的了，妈妈什么时候骗过你？爸爸打电话说要回家看他的宝贝儿子。

阳阳快乐的在床上蹦来蹦去：哦……可以见爸爸喽，可以吃月饼，赏月亮喽……

### 13. 长途汽车站外　日　外

李玉等候在小镇的长途汽车站点。一辆长途车开过来。李玉提着行李欲上车。此时，电话响起。李玉背身接电话，提着行李的背影。

长途车开出站点，李玉回身看向远去的长途车。

### 14. 超市　日　内

母子两人在超市里买衣服、食材。

### 15. 家中　日　内

母子两人在客厅里打扫。母子两人晾衣物。母子两人在厨房里忙碌。

时钟飞速转动。

### 16. 家中　夜　内

各色菜肴摆满餐桌。母子两人坐在餐桌前，挂钟滴滴答答的声音。手机响起，妻子接起电话走出饭厅。阳阳认真听着妈妈在饭厅外说话。妻子重进饭厅。

阳阳：妈妈，爸爸是不是不要我们了？

妻子：傻孩子，爸爸单位有急事，回家的路上临时被叫去工作了。

突然，停电了，屋子里漆黑一片。

阳阳：妈妈，我怕。

妻子：阳阳，别怕，有妈妈在呢。

一根火柴划燃，点燃蜡烛。房间里点满了蜡烛，烛光中，阳阳依偎在妈妈怀里。

阳阳：妈妈，爸爸到底是做什么工作的?

妻子：爸爸是一位光明天使，现在还有一些地方用不上电，当夜晚降临的时候，许多像你一样大的孩子们还在烛光下写作业，爸爸就是为了让那些孩子们能远离黑暗，才努力工作着。

阳阳：妈妈，我想爸爸。

妻子：妈妈也想他。

妻子揽阳阳入怀，轻轻哼唱起歌曲。

### 17. 施工工地　夜　外

一轮满月遥挂天际。夜空满月下，大家围坐在一团篝火旁。每人面前摆放着一些简单的吃食、饮料。

刘师傅：对不住啊兄弟，半路上把你又喊回来了。

李玉：没事。

刘师傅：实在是……这种特殊情况，没你不行啊。

李玉：老哥，看你说的，又不是第一天工作，真没事。

小于：李哥，给大家伙来上一曲。

众人附和着。李玉从口袋里拿出口琴，放在嘴边。优美动人的乐声伴着火光荡漾。众人的眼中充溢着思念、期许、憧憬……刘师傅和小于默契的眼神相撞，彼此传递着信息。

### 18. 家中　日　内

敲门声，妻子开门。

小于：嫂子。

刘师傅、小于坐在沙发上，妻子倒水出来。

妻子：快，喝点水。你们怎么来了？是不是李玉他出什么事了？

刘师傅：呸呸呸，大过节的说什么不吉利的话？阳阳呢？

阳阳从卧室里跳出来：刘伯伯，小于叔叔。

刘师傅一把把阳阳举过头顶。

刘师傅：好小子，真重，个子也长高了。

阳阳：刘伯伯，你们怎么来了？我爸爸呢？

小于：亲叔叔一个，叔叔就告诉你。

阳阳在小于的脸上使劲地亲一口。

小于：真乖，阳阳，伯伯和叔叔带你和妈妈去看爸爸，好不好？

阳阳：哇塞！真的么？叔叔你骗人怎么办？

小于：骗你干嘛？车都在下面等着呢！

小于：嫂子，是这样的，今天不是中秋了嘛，虽然我李哥工作忙，回不了家，但是刘师傅和我琢磨着是不是能把嫂子和阳阳接到现场去，反正是团聚，在哪都能聚。不过我们那边条件差，您和阳阳得克服困难了。

阳阳：我不怕困难！

妻子：那我……你们等等啊，我……拾掇拾掇，阳阳，快去把昨天买的新衣服换上。

阳阳：还换什么衣服啊！寸金难买寸光阴，我宁愿把换衣服的时间用来和爸爸多待一会。

妻子：这孩子！

大人们被阳阳的天真逗乐。

## 19. 山间土路　日　外

一辆车沿着山间土路行驶。

## 20. 工地外　日　外

刘师傅从车内后备厢把安全帽发给几人。阳阳戴着安全帽煞有介事的给大家敬礼。

妻子：也不知道他最近怎么样？上次见他还是在医院的时候，瘦得多厉害，看着一点精神都没有，想想都半年多了，胖点没有？

小于：哎呀，嫂子您就别担心了，我李哥好着呢！那会瘦是因为在恢复，毕竟那么大一个手术，换谁都得瘦，想想李哥真是个汉子……

刘师傅硬硬的咳嗽了一声。

妻子：大手术？不是说小手术吗？

刘师傅：不管是大手术还是小手术，反正都过去了，弟妹你就放心吧。别说了，前面就是工地了，李玉应该在现场。

阳阳从几人中突然冲出去。阳阳跑进工地，冲着工作中的李玉跑去。

阳阳：爸爸！

李玉惊喜的答应着。阳阳飞一样的投进李玉的怀抱，李玉抱着孩子原地转圈。

李玉：好儿子，快让爸爸看看，嗬，又长高了！都成男子汉了！

阳阳：爸爸，你身上的味道真好闻，我在梦里闻到过。

李玉：傻儿子，汗臭有什么好闻的。

刘师傅和小于在招呼工人们。

小于：嫂子给大家带节日慰问品来了，大家过来拿哦。

李玉被小于的话吸引，目光看向慰问品发放的地方。妻子正站在不远处看着李玉和儿子。

李玉背着孩子走近妻子。

李玉：来了，媳妇儿？

妻子不理他，给大家发月饼，李玉抢妻子手中的月饼。

李玉：我来发吧。

妻子瞅了一眼李玉掉头走开。

李玉看着妻子，把孩子放下，冲着妻子的方向追去。

李玉：媳妇儿，媳妇儿，别生气了，我知道错了。

李玉：这不是昨天回家路上临时接到任务么，我不来不行啊。

李玉：媳妇儿，大过节的咱们别生气了，多不好……

## 21. 乡间土路　日　外

阳阳看着爸爸和妈妈渐渐走远，又看看刘叔叔和于叔叔忙着发东西没有注意自己。小眼睛一转，拿出书包里的纸和笔，悄悄走开了。

阳阳悄悄跑到工地厨房，扯了扯做饭的叔叔：叔叔，我爸爸是个什么样的人？

阳阳跑到正在休息的工友身边问，阳阳跑到宿舍里面问……阳阳像个小记者一样，采访了很多叔叔阿姨，问他们自己的爸爸到底是个什么样的人。

阳阳跟在工人们身后，观察、学习、模范工人们的工作，不时拿出笔记本记录。

## 22. 乡间小路　日　外

一个没人的地方，妻子哭着责备李玉。

妻子：你说你动这么大的手术，怎么能瞒着我，还说是个小手术！你要是有个三长两短，你让我和阳阳怎么活？

李玉：我这现在不是好好的么，当时告诉你你又帮不上忙还得瞎操心，我就心想着等完全恢复了再跟你讲，这不是到现在才见面么？好了别生气了，我知道错了！

妻子继续哭。李玉一把抱住妻子。

李玉：好了，好了，老婆，好不容易见一次面，高高兴兴的才对嘛，哭哭啼啼像什么样子，阳阳还等着跟咱们吃团圆饭呢！

妻子狠狠推开李玉打了两下，发泄心中的不快。然后擦擦眼泪，推开李玉。

妻子：你以后工作再忙回不了家我都理解你，我和孩子都支持你，但是你必须答应我，工作再多也要注意休息！

李玉：好！我答应你！

妻子：你发誓！

李玉：我发誓！

妻子：按时吃饭！

李玉：早中晚顿顿准时！

妻子：少抽烟！

李玉：严格控制在一天一包，不是，一周一包！

妻子：按时去医院复查！

李玉：查！一定查！找专家查！

妻子：常给孩子打个电话！

李玉：这个必需的！不光给孩子打，还得给你打！

李玉说着抱妻子，妻子破涕为笑。

妻子：讨厌！

李玉：好了，走我们抓紧时间和阳阳多聚一聚，天黑之前还得让小于把你们娘俩送回去。

李玉和妻子走远，在施工现场和大家汇合，施工现场一副其乐融融的欢聚景象。

## 23. 施工工地　夜　外

李玉坐在一条木桩上，阳阳枕在李玉的腿上，李玉翻看着阳阳的笔记本，妻子端着一缸热水挨着李玉坐下。

阳阳：妈妈，我知道怎么写爸爸了。

妻子：怎么写?

阳阳古灵精怪的冲着夫妻两人笑笑。

阳阳：爸爸，这是我过的最好的一个中秋节。

妻子：傻孩子，中秋节是昨天。

阳阳：爸爸妈妈，你们看，十五的月亮十六圆。

一轮满月挂在天空，似一盏最美的灯光洒在人间。

## 24. 车内　日　外

阳阳坐在回程的车上，看着沿路的铁塔，似乎明白了什么。

旁白：我的爸爸

我的爸爸，是一个神秘的爸爸，从出生到现在，我都很少见他，有的时候，都快忘了他的模样。妈妈说，爸爸是一名送变电工人，是一个电爸爸，虽然工作太忙，不能常常回家，但是他深爱着我和妈妈。

我的爸爸，是一个爱笑的爸爸，照片里的他，总是笑眯眯地望着我，你如果看到，能让你心里都开满鲜花。妈妈说，因为爸爸的笑，妈妈才嫁给了他。

我的爸爸，是一个聪明的爸爸，每当遇到解决不了的难题，他总会彻夜不眠，开动脑筋想办法。妈妈说，爸爸用智慧，变成了工作上的专家。

我的爸爸，是一个电爸爸，电是他的工作，工地是他第二个家，他为了让更多的地方用上电，跑遍了大江南北，吃了很多苦。爸爸说，为了工作他必须四海为家。

在他的身边，还有许多像他一样的电爸爸。这就是我的爸爸，一个平凡的送电工人，一个伟大的爸爸。

我爱我的爸爸，我的电爸爸。

拓展阅读

# 大山的曙光

# 大山的曙光

姚元元 | 国网运城供电公司

## 1. 张大山卧室　夜　内

张大山家卧室，张大山正在睡觉并做着梦。

旁白：在我的梦里，总是有一盏灯，散发着微弱的光芒，我希望它能够越来越亮，可每一次都是渐渐地暗了下去，直到周围一片黑暗。

张大山一骨碌坐起来，看看窗外即将天亮，开始穿衣服。

秀丽被大山动作吵醒也起来：这么早就起来！

张大山：今天开始收这个月电费了，现在电费越来越不好收。

秀丽：不行就辞职别干了，你那工作谁干谁窝火。

张大山：再看看吧。

## 2. 东沟村家门口　日　外

东沟村眼镜家门口，上门收电费的张大山被手持锄头的眼镜连骂带推的赶了出来，还在门口的台阶摔了一跤，几只散步的鸡被吓得惨叫飞过。

眼镜：一度电八块钱，比汽油还贵，一天半小时的电视我都看不起了，你们还给我装这电线干啥，剪了！

张大山强装笑脸：眼镜哥，那先把这个月电费交了吧。

眼镜：我每天电视只看新闻联播还舍不得开灯，早早睡觉，一个月才用五度电，电费就四十块钱，呸，这个月电费我就不给你交，一分钱都没有，滚！

张大山摔倒后，慢慢坐起来，拍拍身上的土，恰好村长路过。

村长双手背后，一脸厌恶地看着张大山：又被眼镜收拾了？太好了，要不是我年龄大了，我就到你们水电站去闹。都是电，咱山上的水电和山下的大电差这么多！上个月还四块钱，这个月就八块钱，这电贵不说，耽误村里多少事情，你知道吗？

张大山：村长叔，咱村人越来越少，用电量也越来越少，线路和变压器也都老化了，电量损耗太大了！

村长：那你们咋不把线路和变压器都换成新的？

张大山：都不用电，哪来的钱换它们？

村长：咱村本来就穷，今年好不容易有一个山东的老板看上了咱这里，说咱的气候、位置还有环境都特别好，准备投资种茶树开茶厂呢，前两天都带着钱来了，就是这怂电，一听一度电要好几块钱，立马扭头就走。你说，我恨不恨你们，这么好的一次机会，糟蹋了，糟蹋了！（摆手高声叹气走了）

张大山看着村长的背影，内火：这干的是个啥事嘛！

### 3. 张大山家中　日　内

张大山家里，张大山垂头丧气回到家，正咳嗽的老父亲正在院里坐着剥花生，看到儿子的样子立即明白发生了什么事情。

张父：回来了！

张大山：嗯。

张父：今天收电费又不顺心？

张大山拉过一个小板凳坐在父亲对面，帮着父亲：东沟村这个月电费核下来又是八块钱一度，这电费就没法收！

张父：咱西沟村这个月一度电还三块多钱呢，真不知道啥时候能和山下一样。山里本来就没啥赚钱的营生，电费还这么高，真要越来越穷了。

张大山：可不是，年轻人都走了。

张父：你们对这电，就真没办法吗？

张大山先无奈地摇头，后又问：爸，秀丽呢？

张父：在鸡场呢，今天送了一批鸡苗过来。

张大山：我去看看。

## 4. 养鸡场　日　内

养鸡场，秀丽正在鸡舍内喂食鸡苗。

秀丽兴高采烈地喂着鸡苗：小鸡啊小鸡，多多吃啊快快长，我们家的好日子可就全指望你们啦！（看到张大山进来）回来了，快看看咱的鸡苗！

张大山帮着倒饲料：这以后可有你辛苦了！

秀丽憧憬：我算了一下账，只要这批鸡苗能顺利出栏，爸的医药费和小伟的学费生活费都不是问题了。咱有好日子过，辛苦一点怕啥！大山，这段时间不会停电吧？咱这鸡苗可得 24 小时通风，排风扇不能停。

张大山：应该没问题吧。

## 5. 张大山家　傍晚　外

傍晚，大山与秀丽走到家，发现张父倒在院子的地上已经昏迷，手上的活计也撒了一地，两人大声呼叫。

## 6. 医院收费处　夜　内

收费员：先交两千块钱的住院费吧，出院时新农合报销多退少补。

张大山（陪笑）：能不能先交一千块钱，我们来得匆忙，没带这么多，明天早上我再补上。

收费员：那好吧。

张大山拉着秀丽走到旁边，压低声音问：咱家还有多少钱？

秀丽焦急：就剩这一千块钱了，其余的都被我买了鸡苗和饲料了。

张大山：什么，一万块钱你全买了鸡苗了？

秀丽埋怨：你不当家，哪知柴米油盐贵，一只鸡苗现在三块多钱呢！

张大山：唉，明天把给小伟准备的学费拿出来先垫上吧。

秀丽用手指着大山：张大山，小伟下周就要交学费、生活费了，你别打这钱的主意啊。没钱，借去！

## 7. 医院病房　日　内

病房内，张父在输液，张大山在一旁守候，电话突然响起。

（秀丽坐在鸡舍门口，镜头两处切换）

张大山走到病房外，压低声音：喂。

秀丽大哭大骂，不给大山说话的机会：天杀的张大山，我恨死你们了！

张大山：出啥事了，秀丽？我在医院……

秀丽痛哭：我的鸡苗全死了，我的鸡苗全死了！

张大山焦急：什么，鸡苗都死了？咋回事？

秀丽心声俱无力：咋回事？你咋不说说你们的水电是咋回事？昨天晚上不知道几点停的电，早上我才发现鸡苗都躺在那儿死了。

张大山：秀丽，你不要着急……

秀丽挂了电话，发呆的念叨：为什么会停电？为什么会停电？

## 8. 张大山家卧室　日　内

张大山家卧室，秀丽无力地躺在床上，张大山匆忙赶回来坐在床边，刚用手为秀丽拉被子，秀丽一下子坐了起来，表情愤懑地盯着张大山。

张大山关切地问：秀丽，你咋样了？

秀丽咬牙切齿慢慢地说：鸡死了，钱没了，我的好日子也没了。张大山，你今天就去给领导说不干了，这份给老百姓办不了事的工作，没啥好稀罕的！我在家等你，要么咱俩就离婚！

张大山恐慌：咱爸还在医院呢！

秀丽：那你现在就去说。

## 9. 水电站站长办公室　日　内

水电站站长办公室，张大山坐在椅子上。

站长兴奋地说：大山，我告诉你一个好消息，咱们水电公司就要并入国家电网了，很快山上山下电价要一样了！

张大山：真的？

站长撇嘴：师父还骗你不成？

张大山：师父，那是不是山上老化的线路设备都会换成新的？

站长：那是一定的，人家可是负责任的国家企业，你看山下农村电网，那线路看着多漂亮、变压器还都是节能的！咱们要是能和人家一样，山上的老百姓可就有福了！哎，大山，今天过来有啥事没？

张大山迟疑了一下：嗯，没啥事。

站长：大山，师父快退休了，等并入国家电网，你可得替师父好好干！

张大山：师父，我不会让你失望的！

## 10. 张大山家　日　内

张大山家，秀丽收拾东西要走，大山阻拦不住。

张大山着急地拉着秀丽：秀丽，我不是骗你，我师父说我们很快就并入国家电网了，到时候山上的电就和山下一样，咱们再重新养鸡，行吗？

秀丽边走边哭：我知道你心里没有我和小伟，我还守着这个家有啥意思？（推开大山甩门而去）

张大山抱头蹲在地上：唉，我这是干啥呢！

## 11. 村口草地　日　外

野外，张大山躺在草地上，一本《电工基础》书盖在脸上，旁边放着电工包。村长和眼镜正急匆匆路过此地，看到了大山。

村长和眼镜：这不是大山吗？大山、大山！

张大山睡眼惺忪：村长叔！

眼镜生气：哎呀，你个怂样子，啥时候了，你还在这睡觉，我真想捶你！（举起拳头想打张大山）。

村长急忙拦住眼镜：眼镜，先问问大山，你看你那急脾气！大山，我问你，运城供电公司领导到咱村来来回回都转了几趟了，说是想把咱山里的小水电变成山下的大电，咋都这么久了，还没消息呢？是不是嫌你们那个什么，对，损耗高？

眼镜：就是，咱这里一度电八块钱，你们都喊赔钱。要是和山下一样四毛多钱，供电公司还不赔死了！换了是我，也决不做这败家的买卖！

村长斜了眼镜一眼：那大山到你家收电费的时候你咋不交电费还动手？

眼镜焦急道：大山，你倒是说句话啊！

张大山呵呵一笑：你俩就没给我说话的机会啊！看我拿的是啥书？（举举书）

眼镜贴上来看，慢慢念出：电工基础？不就一本书吗，你个怂人还学会卖关子了呢！（不屑的神情）

张大山：人家供电公司专门针对我们水电工要搞一次招聘考试，我在看书准备参加考试呢。村长叔，你说咋样？

村长：大山，真的要变大电了，太好了！眼镜，走，赶紧回去，我要给陈老板打电话，马上就成大电了！

眼镜边走边对村长说：我就说嘛，人家供电公司还能嫌咱山里穷？

村长：就你本事，啥话都让你说尽了！

张大山看着他们匆忙离去的背影嘿嘿一笑。

## 12. 多场景　日　内 / 外

农电工招聘考试笔试现场，张大山认真答题。

农电工招聘考试技能现场，张大山认真参赛。

现场都悬挂红色横幅。

## 13. 张大山家　日　内

小山村放烟花的夜景字幕 2012 年张大山家里，张大山和父亲欢欣地收拾桌子准备吃饭。

旁白：2012 年 12 月是我们山里还有我的幸运月，先是我们山上的水电自供区正式并入国家电网，山上与山下实现了同网同价；随后我通过了针对我们原水电人员的招聘考试，正式成为国家电网首任泗郊供电所的一员。

张父坐在饭桌前高兴：大山，这么说从这个月开始，咱们用电就和山下一样了？

张大山：那还有假，这个月咱山上所有的居民电费都是四毛七分七，咱村人高兴得都在放炮呢！爸，从现在开始，电视、电灯你敞亮着用，咱再也不用掏高电费了！

张父激动：大山，拿酒拿酒，为这大喜事咱父子俩喝一杯！

张大山倒酒：备着呢，不过你得少喝点！

张父和张大山干杯：还以为我这辈子见不到咱山里老百姓用上好电呢！（说罢老泪纵横）

张大山：爸，看你说的，这大好事咱该高兴不是？

张父抹泪：高兴、高兴，要是秀丽和小伟回来，我就更高兴了！

张大山心痛一瞬后转笑：吃菜，爸！

（镜头从亮着黄光，映着父子俩头影的窗户外慢慢拉开到山里的月亮）

旁白：说来也怪，从这一天开始，常出现在我梦里的那盏灯又出现了，不过它不再黯淡，而是越来越亮、越来越多。只是，我心底的那盏灯，依然黑暗。

### 14. 泗郊供电所收费大厅　日　内

冬日，泗郊供电所收费大厅，大山坐在柜台后，眼镜赶来。

眼镜：大山，赶紧的，给我查查这个月电费多少钱。

张大山：眼镜哥，你最讨厌交电费了，这个月急啥？

眼镜：你个怂人……

话未说完，张大山面对电脑屏幕读出：你这个月用了 20 度电，电费是 9.54 元。眼镜哥，用电还这么省啊！

眼镜惊喜：真的才 9.54 元？这个月我天天都看一个多小时电视，都说电费便宜了，我心里没底，这要以前，你还不要收我一百多块！

张大山：眼镜哥，看电视还舍不得开灯？

眼镜：你个怂人，（举起手，大山以为又要打他想躲，眼镜却将手放在大山肩膀上）我咋这会儿看你不那么讨厌了呢！哈哈。

## 15. 村广播站　日　内

村长坐在广播站播音。

村长：乡亲们，我刚从乡政府带回来一份《人民日报》，大家注意听一下，是《人民日报》，党中央、国务院办的报纸，咱山里用电这个事情啊，上了 2 月 15 号《人民日报》的头版了。党中央、国务院都知道咱这大好事了，我给咱们念念啊，大家认真听一下！（青山两岸走，溪水涧中流，飞鸟林中来，农舍炊烟起。立春时节的山西夏县中条山深处，点点绿意。在山西夏县祁家河乡干金沟村，胡玉凤掩饰不住内心的喜悦："现在每天晚上想看什么电视就看，再也不用担心电价了。"40 里外的泗交镇西沟移民新村，王银宝家年前新买的电脑、电视机、洗衣机、电磁炉也都派上了用场……）

两个正在地里干活的农民、一个正在洗衣服的妇女、骑摩托车的年轻人都停下来认真听广播，广播的声音回响在大山之上。

## 16. 东沟村外　日　外

大山大景。（字幕 2013 年）

早晨张大山在东沟村与同事忙着改造线路，遇到村长。

村长背个锄头，乐呵呵道：大山啊，辛苦你们了！咱村这线路改造是不是都要换成新家伙？

张大山拍着变压器：那当然，村长叔，您看，这变压器不但是新家伙，而且还是高科技，节能型，一台两万多！

村长惊讶：这么贵！大山啊，那不光给咱村换吧？

张大山：咱山上都要换呢！

村长：啧啧，那得花多少钱啊？

张大山：听我们领导说，咱们山上电网改造要投资六千多万呢！

村长：我的妈呀，六千多万，这供电公司为了咱山上出了血本了！

张大山：村长叔，您就等着用畅快电吧！

村长：早就盼着这一天了！大山，正想着找你呢！那个在咱村种茶树办茶厂的陈老板说开始炒茶叶了，电要增什么容？

张大山：那没问题，你带着他到我们所里办个手续就好了。去年新种的茶今年就可以摘了？

村长：人家下手快，去年一听说你们要并入国家电网，就赶紧到咱这里种茶树了，现在咱村几十个人都在人家茶厂打工呢！大山，你看现在电好了，咱村有山有水风景这么好，又紧挨大路，我想再带着大家搞个农家乐饭店，现在的电，冰箱、电磁灶都不是啥问题，让城里人到咱这里游山玩水，再吃在这儿、住在这儿，你说咋样？

张大山：那咱村的光景不是越来越好了？

村长大笑：那还用说！

## 17. 国家电网供电所所长办公室　日　内

所长：大山，你家是西沟村的吧？

张大山：是，所长有啥事吗？

所长：告诉你一个好消息，咱们供电公司青年志愿者服务队和你们村结成了帮扶对子，这帮志愿者都是大学生，素质高、点子多，你帮着他们在你们村多做做工作，电好了，致富最要紧！

张大山激动：太好了，太好了！

## 18. 村里空地　日　外

村里空地上，志愿者们打着横幅、穿着志愿者马甲在为村民讲解。村民坐在下面认真听，时而交头接耳、点头示意。

志愿者带着话筒，大声说：我们对咱们西沟村做了一个细致的调研，目前看来生态农业比较适合咱们西沟，说得简单一些呢就是在咱们沟里放养鸡。现在城里土鸡、土鸡蛋都特别贵，但还卖得特别好。咱们这里的气候环境还特别适合菌类种植，也就是蘑菇。大家不用担心技术，我们邀请了咱县农业技术专家来做指导，资金上我们也联系了农业扶持基金和农村信用社为大家提供资金上的帮助。

张大山站在会场旁边给秀丽打电话。切换：秀丽接电话，静静地听着，但眼泪早已流了下来。

张大山：秀丽，你听见了吗？这是供电公司志愿服务队到咱村教大家养鸡、种蘑菇呢，我明天去接你，好吗？

## 19. 放养鸡场　日　内

志愿者们带着养殖专家正在为村民做现场技术指导，秀丽边听边问、认真地记录。

大山和秀丽一起捡拾地上的鸡蛋，没想低头撞在一起，两人慢慢抬头，相视一笑。

秀丽和大山给建造新院落的工人送上茶水。晨曦下两人坐在山顶，看着山下的新村舍和整齐的电网线路，一轮朝阳正从远方冉冉升起。

旁白：虽然我们的创业刚刚开始，我心底最深处的那盏灯已经开始闪耀着光芒了，那不仅是我对光明的追求，更是对幸福的梦想。很快就会实现了，不是吗？

拓展阅读

# 成长

# 成　　长

秦振岗 | 国网长治供电公司

## 1. 火车站　日　外

李成的脚步在出站的人群中穿行，用手拉了拉肩上的背包带，站在川流不息的站前广场上，抬头环视着远方。长出了口气。口中喃喃：长治，我来了。

## 2. 电力公司大楼前　日　外

李成站在电力公司的门口，背着一个书包，抬头看着国网长治供电公司大楼，左右环顾一圈，迈开大步，快步并有些小跑地跑了进去。

## 3. 电力公司人力资源部　日　内

来报到的人进进出出，人力资源的工作人员一个个记录信息，工作忙碌。

工作人员微笑着：欢迎新同事，你叫什么？

李成：我是李成。

旁边坐着的一个领导模样的人走过来。

张文华：你就是李成啊，欢迎欢迎。

工作人员站起来介绍：这是我们人力资源部的张文华张主任。

李成笑着，跟李文华握手：您好，张主任。

张文华：小李啊，你这来了公司，以后我们就是一家人了，你有什么需要或者困难的，就跟我说。走吧，我带你去你宿舍。

李成客气地笑着摆摆手：不用了，张主任，您看我可是轻装简行。

说着李成拍拍自己背着的一个包：我还得去买点生活用品，要不晚上就惨了。

张文华拍李成肩膀一下：不用费那事了，我早就给你买好了，都已经放你宿舍了，走吧。

## 4. 单身宿舍　日　内

李成和张文华两人往单身宿舍走，在宿舍楼门口遇到了下楼的刘畅畅。

刘畅畅笑着跟张文华打招呼：张主任好。

张文华笑着点点头：嗯，好。

刘畅畅和李成擦肩而过，李成回头看着刘畅畅的背影，有些发愣。

张文华：这是技术部的刘畅畅，也是新人，上礼拜刚来。

李成不好意思地笑笑：哦，挺漂亮的……

李成跟张主任一起走进宿舍，还不停地回头。

这时，李成的电话突然响了起来，李成低头一看，原来是大学同学打来的电话，李成看一眼走在前面的张文华，躲在了一边打电话。

李成：哎，哥们，怎么样最近？嘿嘿，爷可是过得好着呢，国家电网公司，央企！怎么样？你小子羡慕嫉妒恨吧。

张文华站在前面，嘴角含笑。

李成看一眼前面背对着他的张文华，压低声音说：不跟你说了，领导等着我呢。嘿嘿，是牛。回见。

张文华：小李，你是重点大学毕业的高才生，来了之后可要好好干。

李成诚恳地点点头：张主任您放心，上了这么多年学，终于有了用武之地。我一定努力。

张文华：行了，你收拾收拾吧，明天就开始上班。

李成收拾箱子，把衣服叠好放进去，拿出自己的毕业证和学位证看着，亲一口，放在了箱子的最上面。

## 5. 山下 日 外

王国生抱了一箱矿泉水，撕开包装，拿出一瓶来扔给一个同事。同事拿着矿泉水离开，李成跟在身后，满脸不高兴地接过王国生扔过来的矿泉水。王国生看了他一眼没有说话。

王国生：今天路远，中午下不来，大家将就下。

程国庆抱着一堆馒头走来：大家来领馒头了！

所有人一哄走过去排队。程国庆跟每位领馒头的同事都寒暄两句。程国庆拿着两个馒头，走过去递给王国生，王国生笑着接过馒头。

王国生：辛苦了，小程。

程国庆：看你说的，师傅。

李成在不远处看着他们，把馒头和水装起来。

## 6. 山路上 日 外

李成扛着重物，勉强跟在同事的身后，时不时摸出口袋中的水喝两口。王国生走在他的前面。

李成抹把汗：师傅，咱为啥非得来这荒山野岭的地方啊。

王国生瞄他一眼：咱们走到哪儿，电就到哪儿。

中午，大家坐在路边歇脚吃午饭。李成拿出自己的馒头和水，可惜，水已经只剩下底子了。李成左右看看同事们，大家继续说说笑笑，李成无奈只能干咽了那两个馒头。王国生一边吃着，一边拿着烟在鼻子下面嗅，看到李成，什么都没说。

程国庆拿着自己的水，跟同事开玩笑：我看看你还剩多少水？

说着，伸手拿过同事的水看一眼：嘿嘿，我的还满着。想要不？叫哥。

同事推了程国庆一把：去你的。

程国庆一边笑着一边给同事分了些自己的水，李成在一边看着，又看到王国生看着他们笑。李成嘴角向下一弯，把空水瓶远远地扔了出去。

## 7. 山顶　日　外

夜里静谧的山上回荡着大家的声音：总算到了……

李成第一件事就是跑到屋里倒了一杯热水，送到口边却被烫到了，他端着水跑到水龙头边，倒掉一些，接了点凉水一饮而尽。王国生路过，不齿地笑了一声。

喝了水，李成走到外面，夜风刮得正凶，李成看到王国生站在那里眺望远方，手中的香烟还是搁在鼻子下嗅。李成摸摸口袋，掏出半包烟，费劲点着。

李成拿着点着的烟走到王国生的身边：师傅，抽烟。

王国生看到李成手中的烟，一把夺过来扔到地上踩灭：你还是大学生？有没有一点常识，这是什么地方？林区！到处都是草和树，你是要把山点着呢！傻子！

王国生一边骂，一边转身走了。

李成低着头，颇为委屈地用脚碾着地上的残烟。

## 8. 宿舍　夜　内

李成坐在宿舍里，一边玩游戏一边小声嘟囔：啥鸟不拉屎的破地方，信号都没有，网都上不了。

程国庆走进屋，看到坐在床上的李成，有些不好意思地坐在他对面：你是大学生？

李成抬头看程国庆一眼，又低下头玩游戏：嗯。

程国庆：嘿嘿，听说今年要来一批大学生，说的是都要放到机关单位呢。

李成瞬时坐直身子，认真地看着程国庆：真的假的？

程国庆：呵呵，我就是听说，咱又不是领导，不知道。

李成低下头，继续玩着手里的手机。

程国庆挠挠头：我上高中那会儿没有好好学习，要不说不定也能考上大学。

李成低头玩着手机，不屑地笑笑。

程国庆有些尴尬，没话找话：哎，你手机不错啊，新款吧……

说着，将手伸过去想看看他的手机，李成立刻将手机关了放进口袋。

李成：你也住这儿？

程国庆点点头：哦，我叫程国庆。王师傅叫一起喝酒呢，我来叫你。

李成一头躺在床上，翻身背对着程国庆：我不去了，今天太累了。

程国庆站起身：哦，那你早点休息。

程国庆边往外走，边回头说：对了，你躺得是我的床。

李成翻身坐起来，看着程国庆的背影，小声嘟囔：土包子！

李成翻身坐起来给家里打电话。

李成：妈，你放心吧，我现在的工作很好，很轻松，领导对我也很好……置办下了，我刚来人家就都替我买好了，你儿子是高才生，他们不得巴结着……哎呀，你儿子都这么大了，能照顾好自己，倒是我爸身体不好，你和我姐多照顾着点。我现在自己挣钱了，不够再说啊。好了，不说了，长途……嗯，再见。

挂掉电话，李成从床上下来，把箱子扔在床上打开，放在最上面的学位证书赫然在眼前，李成拿出学位证书，左右翻看两下，随手扔在一边。又从箱子里拿出几本书，放在桌上，打开灯，坐下开始写东西。

## 9. 电力公司　日　内

刘畅畅走进办公室，看到桌上的内刊，随手拿起来翻看。看到了一篇署名“李成”的文章，感兴趣，仔仔细细地翻看。

## 10. 工地　日　外

王国生踩在高架上干活，李成在下面配合着。

王国生：哎！大学生，过来过来，给我把扳手拿上来。

李成微愣走过去，皱着眉头看着地上的工具，再看看王国生伸出的手。拿起手钳递给了王国生。

王国生拿着手钳一看，将手钳扔到地上：这是扳手？

王国生指指地上的扳手，李成赶紧递上去。

王国生一把夺过去：癔症东西。

李成嘴角一撇，对着背对着他的王国生背影翻了个白眼。

## 11. 工地　日　外

李成拿着锤子在砸着细铁丝，不小心砸在了手上，把手放在口里吮着。王国生看到了，跟其他同事嬉笑。

王国生：现在这大学生啊，哪能干得了活儿嘞？

程国庆从兜里掏出一个创可贴，走过去递给李成：慢慢来，以后就好了。

李成客气地笑笑，什么也没说。

## 12. 宿舍　夜　内

王国生和同事一起在抽烟喝酒，李成一个人在屋里写东西。

王国生：老许啊，昨天那个螺母又丢了，弄一弄哇。

李成在屋里听到王国生的声音，思索了片刻，将手中的稿件推到一边，拿过一沓白纸，开始演算画图。

## 13. 宣传部　日　内

刘畅畅走进办公室。

刘畅畅问同事：这周的内刊到了吧？

同事将手中的内刊拿给她。刘畅畅翻开扉页，看到李成的名字直接翻到了那页。

领导问刘畅畅：公司要排一台晚会，让咱们出一个小品，领导的意思是让你做女主角，但是还缺一个剧本，你看看你那里有合适的没？

刘畅畅想了想，把手中的内刊拿给领导，正是李成的文章：您看这个故事怎么样？

## 14. 工地　日　外

李成一夜没睡，将画好的图纸兴冲冲地拿给了王国生。

李成：师傅，你看看，这是我设计的图纸，咱们的螺母不是总丢么，我觉得……

李成还没说完，王国生拿过他的图纸看了一眼，拿着手里干活的铁锹就往锁子那里走去。

王国生伸手挥了挥，打断李成的话：不歪，大学生就是不一样。说着，走过去拿着铁锹将螺母砸平了。

李成愤然地将图纸紧紧攥在手中。

## 15. 山顶　日　外

李成点着一根烟，狠狠地抽了一口，他似乎不会抽，咳嗽起来。咳嗽过后，他站起来，风刮得大，他长叹了一口气，将手中的图纸扬到空中。

李成冲着空旷的山顶大喊：你不让点烟，老子偏要！你算个什么东西，什么都不懂你算个屁！

程国庆远远地看着李成，等他发泄完了走到他身边，把他手中的烟拿下来扔到地上踩了一下：你别想太多了，王师傅他就是这种性格，刀子嘴豆腐心。他就是想磨磨你的锐气。你也别生气了。

程国庆说话间捡起几页落在李成脚下的图纸，递给他：其实你的设计挺好的……

程国庆说完，看到李成还是不说话，一脸的不高兴，拍拍他的肩膀转身走了。

李成将手中的图纸攥的更紧了些，低着头，看到地上的烟头还有几星亮着，没完全熄灭，又用脚捻灭，转身离开。

## 16. 宿舍　夜　内

李成端着一盆水路过正在一起喝酒的同事们，目不斜视。

王国生看到走过去的李成，叫住他：大学生。明天你回公司一趟，别给咱班组丢人啊。

李成扭头看王国生。

## 17. 排练场　日　内

所有人都在排练。女主角刘畅畅迟到了。

排练负责人：小李，你待会从右边走过来，就我现在站的这个位置，不要再往前……

刘畅畅推开排练室的门走进来：不好意思，我迟到了。

李成站在台上，看着刘畅畅走进来，瞬间觉得时间似乎都放慢了，眼中，心中，整个世界中都是向他走来的刘畅畅。

排练负责人：小刘，快过来，就差你了。

刘畅畅走到台上，对着李成客气地笑一笑。

排练负责人：男女主角，先对对戏，然后走调度。

李成和刘畅畅开始对戏。

李成：对不起，田芳。我……我不爱你了。

刘畅畅：不，林生，我不相信，你只是因为要离开。

李成：即使我不离开，我也没法再爱你了。

刘畅畅：可是……可是……

刘畅畅忘词了，转身准备从包里拿剧本。

李成接话：可是，你昨天还在为我系鞋带，还在给我送早饭，还拉着我抱着我，怎么可能今天就不再爱我？

刘畅畅有些惊讶地看着李成：你竟然对这个故事这么熟悉。

李成笑笑：还好吧。

刘畅畅：你喜欢这个故事吗？这个故事作者的每篇文章我都看过。

李成受宠若惊：是吗？你不觉得这个故事的结局不好吗？

刘畅畅摇摇头：人有悲欢离合，这个故事的结局更多的是无奈，他们失去了爱情，却获得了完整的亲情。只要他们曾经付出过轰轰烈烈的感情，我觉得就够了。

李成看着刘畅畅，眼中是颇为赞赏的神色。

## 18. 排练场　日　内

排练休息。

刘畅畅：如果我们得奖了，我们技术部真该好好谢谢你。

李成：那你拿什么谢我啊。

刘畅畅有些吃惊地抬头看着李成，双手不安地在背后绞在一起，低头笑：倒不客气你。

李成伸手搭在刘畅畅的肩上：我呢平时喜欢琢磨个小发明创造的，所以还得靠你这专业人士帮助提携了。

刘畅畅拍掉他的手：没问题。你这大高才生，好好在基层干，争取到时候调回来了能独当一面。

李成点点头，沉默片刻：我现在工作在山上，信号不好。

刘畅畅低下头（声音有些小）：跟我有什么关系……

说着刘畅畅站起身，往外走去。

李成低下头，有些沮丧。

刘畅畅头也不回，大声说：我给你打，打通为止。

## 19. 工地　日　外

大家一起准备扛线，王国生看到李成：怎么样？没给咱班组丢人吧？

李成笑笑：第一。

王国生笑着，和大家一起把线搭在肩上，喊："一，二，三！"大家一起把重重的线盘扛起来往前走。突然，李成的电话响了，李成一手扛着线，一手伸进口袋拿出电话接起来。是刘畅畅。

李成惊喜又有些忐忑：畅畅！

刘畅畅：喂……我觉得……我们俩……

说到这里，电话没信号了。李成一边扛着线，一边伸手出来左右到处搜索信号，谁知，没留心脚下，一下子被绊倒了。他非但没松开扛着的线，反而将整个人都吊在了线盘上，随着他的重力，所有人都摔倒在地上。片刻，大家都爬起来，只有一位同事坐在地上揉着自己的脚腕，轻声呻吟。

王国生和其他同事一起查看伤势：怎么样，试试能不能动，转一转脚腕，再试试能不能站起来。

伤者试着转了转脚腕，疼的直皱眉头，他在大家的帮助下费力地站起来，一只脚站着：不行，是崴了脚腕了，王师傅。

王国生：让他们把你送回去吧，好好休息休息。

伤者被同事扶着离开。王国生回头怒气冲冲看着剩下的人。

王国生：是哪个王八蛋？

大家没说话，程国庆站出来：师傅，是我摔倒了。

李成有些不服气：大家都摔倒了的。

王国生十分气愤，伸手指着李成：你还好意思说！你以为我没看见你，你说说你能干得了啥？就知道给别人添乱。因为你，别人受伤了，你高兴了？本来在队组里面你就不顶个人，现在伤了一个，就算换人也来不及了，到时候按期完不成工程谁负责！成事不足败事有余！

李成皱着眉头听着，终于听不下去了：我本来就没干过，我大学四年没有学过怎么扛线、怎么栓螺丝。我承认今天是我的错，可是从小到大除了我爸妈谁这样收拾过我。给你面子叫你一声王师傅，话说回来你凭什么？到底是没文化的人，真是拜托你有点儿素质好不好？

其他同事看不下去了：哎，你小子注意点，怎么跟王师傅说话呢，王师傅是老劳模，心脏还不好，你要把他气着了，看老子能饶得了你！

李成：你管我，我怎么说话，那他怎么说话呢。本来我来这里就是憋屈了，现在倒好，谁都能参一脚来教育我了。

程国庆：李成，你别这样说，师傅他的确带病工作好多年了……

李成一把推开程国庆：滚，你又算个什么东西！我来这里不是做苦力的，凭谁都把自己当根葱了！

程国庆恼怒地看着李成：你他妈的爱干干，不爱干滚蛋！

李成扭头便离开了。

## 20. 多场景　日 / 夜　内 / 外

李成去食堂打饭，打了饭一个人默默地找别的地方吃饭，没人叫他。

晚上大家一起喝酒聊天打扑克，他来来回回经过也没人理他。

在工地干活，拧螺丝不小心硌破了手，也没有人给他送创可贴了。

每晚睡觉前看着手机，总是没有刘畅畅的信息和电话。

## 21. 宿舍　夜　内

李成一个人坐在宿舍，其他人都在外面一起吃饭喝酒，也没人理他。

王国生端起酒杯：今天八月十五，咱工程进度紧，大家也不能回家。来，我敬大家一杯，咱们就是一家人，一起过十五！

大家一哄干了酒，不知道谁拿出自己的手机开始放音乐。“都说养儿能防老，可儿山高水远他乡留，都说养儿能防老，可你再苦再累不张口，儿只有轻歌一曲和泪唱，愿天下父母平安度春秋……”

李成手里攥着手机，听着外面的音乐声，眼泪流下来，心里苦闷难受。王国生端着一盘饺子，拿着几个月饼走进屋来，看一眼李成，把饺子和月饼放在桌上，没说话，转身走了。李成看着王国生的背影，低下头，面有悔意。良久，李成拨通了家里的电话。

李成：喂，妈。今天八月十五，我刚刚吃了月饼还有饺子。你们吃啥？

李成母亲：刚从地里回来，还没顾得上吃呢。咱家今年的收成不好，我们再不照看着，那些玉米就更卖不出价钱了。你有时间了，就回家来看看。你爸爸跟你说话呢。

李成父亲：儿啊，最近怎么样啊？

李成听到父亲问起自己的近况，眼泪更是成串儿掉下来：爸，我……我……

李成父亲：孩子啊，好好给人家干活，别惦记家里边。

李成一边听着一边流泪，一边点着头：嗯，我知道了爸，你和妈注意身体，我工资挺多的，以后就能把你们接来长治了。

李成父亲：先照顾好你自己就成，挂了吧。

李成：嗯。

李成父亲挂掉电话，李成犹自还将电话放在耳边，眼泪不断，心中五味杂陈。许久，李成才把电话拿下来。电话突然响起来，李成一看，是刘畅畅，李成慌忙摸一把眼泪，清一下嗓子接起了电话：喂，畅畅。

刘畅畅：喂，信号还挺好的嘛。

李成破涕笑了一声：回家了吗？

刘畅畅：嗯。今天八月十五嘛。你赶工期，回不了家，一个人肯定心里挺难受的，对了，给家里打电话了吗？

李成：打过了，才刚挂电话你就打过来了。谢谢啊。

刘畅畅：哎呀，你跟我客气什么。对了，还有个事，有个中级技师资格的考试，我要报名，你考吗？

李成：报名费多钱啊？

刘畅畅：报名费、培训费加资料费一共是 1500，上课时间正好是你工期结束。

李成默默地算了一下：嗯，我也考。就是能不能麻烦你先帮我垫下钱，完了我还给你。

刘畅畅：没问题，你放心吧。

李成捏着手机思考踌躇了一番，翻身下床走出去。王国生和同事们看到李成走过来，热闹的气氛有些冷下来。

李成走到王国生面前，深深鞠了一躬：王师傅，对不起。那件事是我错了，您是老劳模，我是新人，您对我严厉些是对我好，我以后会端正态度，会尽力的。

说罢，又对程国庆：我那天态度不好，从我来了这里你就特别照顾我。我没有针对你。各位同事……

同事们打断了他的话。哄着拉他让他坐下。

程国庆拉着李成：别牙痒人了，过来一起喝酒吧。

李成看了一眼王国生，王国生使了个让他坐的眼神。李成挨着程国庆坐下。程国庆拿了一个空杯子，王国生给他满上。

王国生：大家好好干，马上公司要举办一个实战演练，咱们一定要漂漂亮亮地完成任务。干！

李成端起面前的酒杯，跟大家一饮而尽。

## 22. 工地　日　外

同事受刘畅畅之托给李成工地送来考试资料，临走之际，王国生拿钱给要下山的同事：麻烦你帮我也带些中级技师考试的参考资料。

看着手中拿着参考资料的李成，王国生拍拍李成的肩膀：小李，好好学，好好干！

李成抿着嘴唇抱着书，点点头。

## 23. 多场景　日　外

山路上。大家扛设备上山，中午吃饭，一瓶水两个馒头，有同事的水喝完了，李成把自己的水扔给他。

工地。李成爬高架塔，对站在下面的程国庆讲：“改锥。”程国庆递给他，相视一笑。

工地。一个同事干活，不小心将手指弄破了，李成路过给了他一个创可贴。

## 24. 工地　日　外

大家为了赶在要求时间以前完成工程，如火如荼地工作着。

李成和同事一起扛塔材，突然电话响了。

程国庆从旁边走过来，替他扛住：你先接电话。

李成摘掉手套，一看是家里打来的，连忙接起电话：喂……

李成姐姐：喂，小成。

李成关注着大家的活：姐，怎么了？

李成姐姐哽咽：咱爸，咱爸，昨晚脑溢血，走，走了。

李成愣在那里，周边一切的声音似乎都听不到了，握着手机的手一松，手机掉在了地下。

程国庆见情况不对劲，着急的叫李成：李成，李成，李成……

半晌，李成才听到程国庆在叫他。他回过神来，看到还通着的手机在地下，他定定地看着手机，抬眼看了看已经要坚持不住的同事们。

王国生看着，着急叫：李成……

李成一下跪在地上，眼泪汹涌而出：放！

大家一起松手，塔材落地。李成跪趴在地上，痛哭不止。

## 25. 宿舍　夜　内

大家默默地吃着东西，李成走进来，大家默默地注视着他。李成从桌上拿起一瓶酒，走进来自己的宿舍。王国生犹豫了一下，起身跟着他。王国生走进宿舍，发现李成正在一个人喝闷酒。

李成双目萎靡地抬头，看到王国生，眼泪一下就流出来了：师傅，我爸没了……

王国生默默地坐在他的身边，将一碟花生米放在桌上。李成拿着酒对瓶吹，靠着墙泪流满面。

王国生捏着李成的肩膀：我帮你写个报告，回家看看吧。

李成摇摇头：工程就快完了，我一走再换别人来，要拖进度。

王国生伸手揩下眼角：好好干，别辜负你爸。以后好好对你老娘。

王国生起身离开，李成把头埋在膝盖中。

## 26. 工地　日　外

大家正在如火如荼地施工架线，突然从不远的村子里跑来一群当地的村民，有人手里还拿着农具。一个老太太冲上来就抱住了正在施工的线盘。

老太太：你们不能施工，这地是我们祖辈的产业，我们还要种地，停工。

农民甲：停工，立刻停工。这也太霸道了，这是我们的地方！

村民们一致要求停工，拦着路，挡着器械不让班组继续施工。终于，村长赶了过来。

村长：郭大娘，各位乡亲，你们听我说。工程是国家批准了的，人家都是拿着正经的手续来的。虽然这地是大家的，更是国家的，大家散了吧。

农民乙：不行！我们在这儿生活这么多年了，这地就是我们的，停工。

看眼前的局势，村长实在是控制不住，无奈地摇摇头，对王国生说：王师傅，你瞧这，没办法啊，就这事闹的，以前就罢了个村长了，哎，这谁在这个位置上都没办法。

人们围成一群吵吵嚷嚷。

李成在老太太面前席地而坐：大娘，看见你们，我就想起我家了。我也是从农村来的孩子，我家跟你们村子一样穷。我爸妈都是老实巴交的农民，家里就我一个男孩子，我姐跟我爸妈从小就惯着我，我也从来没有想过爸妈挣钱多不容易。可是，我从小就知道我家穷，我们整个村子都穷。

老太太：你们穷能穷过我们？我们村二十多户，只有五家有电视，连个像样的房都住不上。

李成：好歹你们还有砖房住，我从小住的是我家住了几辈的窑洞，破的不能再破了。我妈攒了一辈子钱，就想新打一个窑洞。我爸一直想让我走出大山去，我是我们村唯一一个大学生。我考上大学的时候，我爸特高兴，我记得当时我把录取通知书拿给他的时候，他站在田垄头就亮嗓嗓地唱了首民歌，晚上就对着灯吧嗒吧嗒抽了成宿的旱烟，我现在才知道，那天晚上他是在想该怎么给我筹上大学的学费。

老太太：家里出个大学生不容易啊，砸锅卖铁也得让念书啊。

李成点点头：我爸妈把家里的牲口都卖了，打新窑的钱也凑给我上大学了，村子里的乡亲也都接济了些。老两口和我姐三个人推着犁耕地，可是，上大学的时候，我不想让同学觉得我家穷，就问爸妈要钱买了个好手机，我爸妈不知道要种要卖多少玉米才能给我买得起那样一个手机。现在，我知道了，我知道我爸妈多不容易了，可是，我爸昨天不在了，我挣钱了，我爸也不在了……

李成眼泪流下来，老太太放开手中的线，拉过李成的手握在手里。四周很安静，所有人站在那里看着坐在地上泪流满面的李成。不知道什么时候，刘畅畅也站在了人群中。

李成：等我走出大山了，我才知道，为什么我们村子那么穷？就是因为我们村子里没有电，没有人发展工业。村子附近有工厂了，才能带动着村子富起来。我一直都希望可以有工厂建在我们村子附近，可直到现在也没。如今我们来这里给你们送电来了，有了电，就会有工厂来这里发展，你们不知道，其实我好羡慕，如果，如果也有这样的机会到我们村子的话，我都想象出乡亲们该有多高兴。

老太太拍着李成的手：我懂了小伙子，我懂了。我们回去了，回去了。

老太太站起来，拍拍裤子，和其他村民们一起回去了，同事们也纷纷散了。刘畅畅走到李成的身边，拍拍他的肩膀。

刘畅畅拿出自己的手机，递给李成：给家里打个电话吧。

李成抬头，看到刘畅畅，惊讶，慌忙抹一把脸上的泪：畅畅，你怎么来了。

刘畅畅把手机往前递一递：我知道你家的事情了，我来看看你。

李成感激地看着刘畅畅，接过电话，给他姐打了过去：姐，妈怎么样？

李成姐：小成，你别担心，妈挺好的。我知道你忙，回不来，你单位送的东西我们都收到了，你单位的领导还亲自来家里了。

李成默默流泪：姐，你照顾下家里，我这边工程一结束，就立刻就回去。

李成姐：嗯，你好好干。

### 27. 宿舍　日　内

刘畅畅在李成宿舍帮他收拾东西，看到他书桌上散落的纸张，刘畅畅拿起来一看，全是李成的书稿，她恍然大悟。

刘畅畅自言自语：原来，原来此李成就是彼李成啊。

李成走进屋，刘畅畅将书稿藏在背后。

李成：畅畅，你收拾好了吗？我送你下去。

刘畅畅点点头，看着李成：等你工程结束了，我跟你一起回家。

## 28. 工地　日　外

工程最后一道工序结束了，大家一起欢呼。

王国生走上前，示意大家安静：咱们班组的工程，提前完工了！多谢大家了！安全票已经交上去了，顺利迎接明天的演习！今天晚上，好好喝酒！

人群又一阵欢呼。

## 29. 宿舍　夜　内

窗外，大雨瓢泼，大家在一起喝着酒，有说有笑。突然，一位同事冲了进来：王师傅，不好了，出故障了！

王国生惊讶：怎么了？走去看看。

李成和大家一起，跟着王国生披着雨衣走出门。

## 30. 工地　夜　外

大家架起灯，检查线路。

王国生：是这出问题了，不好弄，我来。

李成和其他同事们一起围在王国生的身边。大雨倾盆地下着，山上的大风要刮得人都站不稳。大风挟着雨柱冲在大家的身上，大家脸上身上全是雨水。

王国生时不时抹一把脸上的雨水。有人站在上风向，尽其所能帮王国生挡着铺天盖地的风雨。李成站在王国生的身边，仔仔细细地看着他怎么完成手里的工作。灯光照在王国生的脸上，他脸色惨白，一点血色都没有。突然，王国生皱紧眉头，闭着眼，紧紧咬着牙根，手指一软，手里的工具掉在地上。

李成脸色着急，一手扶着王国生，一手把地上的工具捡起来拿在手里：师傅，师傅你怎么了？

王国生闭着眼，缓了一会儿，长长地吁了一口气，摆摆手，从李成手中接过工具，继续干活儿。李成担心地看着王国生，周围的同事们也发现了王国生的异常，一边继续配合着王国生的工作，一边忧心忡忡地关注着王国生的状态。山风吹着夜雨丝毫没有减小的迹象，王国生在冷雨中死顶着，脸色越来越不好。终于，王国生弯下身子，一只手死死地攥着胸口的衣襟，口中发出轻微的呻吟。

李成看到王国生的情形，赶紧上去扶着王国生：师傅，师傅！

大家听到这边的动静，将半躺在地上的王国生围起来。

王国生急促地呼吸着，一手费力地指着自己的上衣口袋：药，药……

程国庆急忙上前从王国生的上衣口袋中拿出药，看一眼王国生，王国生费力地竖着 3 根手指头。程国庆倒出三颗药丸喂给王国生，王国生和着雨水将药丸给咽下去。过了片刻，王国生的脸色终于有了一丝血色。

李成半抱着王国生：师傅，我们扶你下去好好休息休息吧，这样的天气，你可不能再干活了。

王国生费力地点点头，握着李成的手：小李，这里就交给你了，一定要按期完成工程。

李成点点头：你放心，师傅。

李成抬头对大家：小赵，小秦，你们把师傅扶回去，给急救中心打电话，安顿好师傅。

两同事答应着上前扶起王国生，背着他离开工地现场。

李成看下表说：现在是 3 点，6 点演习准时开始，我们现在还有 3 个小时。国庆，你帮我计时，每半个小时跟我说一声。

程国庆点头，站在李成的身边，帮他挡住侧边的风雨。

李成站在王国生之前站着的地方，拿着手中的工具开始干活。夜晚的山风越刮越大，大家跟着李成一边用尽全力绕线，一边尽力稳住自己的身形，时不时有人摔倒在地上又赶紧爬起来继续绕线。

程国庆大声喊：还有两个小时，还有两个小时！

李成不小心被铁丝头划破了手心，雨水淋在掌心与血水一起滴下来，李成皱皱眉头，没理会，继续干活。

程国庆大声喊：还有一个半小时，一个半小时！

几个同事站在李成身侧的上风向，尽可能地帮他挡着风雨，尽管如此，夜雨还是像刀子一样打在脸上，他的眼睛被雨水模糊，抬起手抹掉脸上的雨水，继续干活。

李成头也不回，伸出受伤的手掌：螺丝。

程国庆把螺丝递给他。

李成再次伸出手：改……

还没说完，程国庆已经把改锥递给了他。李成看下手中的改锥，抬头看着程国庆，相视一笑。

李成紧皱着眉头：焊枪。

程国庆把防护面具帮李成戴上，自己也戴上一个，把焊枪递给李成。焊接完成，程国庆看表。

程国庆：只剩半个小时了！

李成、程国庆，深深地吸了口气，点点头，叫着大伙儿一起……

程国庆：还有十五分钟！十五分钟！

程国庆：最后五分钟了！

李成拿了一把钳子向之前固定好的钢丝走去，一根一根地剪断。

程国庆：还有一分钟。

李成还在一根一根地剪钢丝，终于，所有的钢丝都剪断了，哗啦一声全落在地上。

程国庆：十五秒。

李成拿着钳子站在那里一动不动，所有人都站在那里。雨逐渐小了，天空也终于露出了鱼肚白。工地十分安静。直到程国庆的电话响起。

程国庆接电话：嗯，好。

程国庆面无表情，看着大家：演习，正在顺利进行，我们成功了！

## 31. 公司领奖台　日　内

主持人：获得 2012 年度最佳班组的是运检一班！

王国生和程国庆上台领奖。

主持人：获得 2012 年度优秀先进个人的是，李成！

李成站在台上，抱着奖状，看到台下热烈鼓掌的同事们，李成忍不住眼泪流了下来：爸，你看到了吗？

## 32. 人力资源部办公室　日　内

李成推门走进去，张文华坐在办公桌后抬头，看见李成。

张文华招手：唉，小李来了，坐。

李成，笑着点点头，坐下。

张文华：小李啊，咱们公司决定把你调回机关，这几天调令就该下来了。

## 33. 山顶上　日　外

李成站在山顶上，眺望着山下。

李成回想起和张文华的对话：谢谢公司的重视。不过，我还是决定留在基层。

## 34. 山路上　日　外

李成和一些年轻人一起坐在进山的拖拉机上。

青年：师傅，咱怎么总是去这荒山野岭的地方啊。

李成笑着：我们走到哪里，电就送到哪里。

拓展阅读

# 我的班长　我的班

# 我的班长　我的班

高佳明 | 国网晋城供电公司

## 1. 多场景　日　内 / 外

黑场背景中响起手机彩铃《江南 STYLE》的声音。

一只手摸来摸去，摸到手机，手机屏幕上显示“星期日”的特写，接通手机。

几个检修班的职工分别在不同环境接通手机。

A 眼镜，在公园一角，正要与女友亲嘴。

A 眼镜接通手机，苦笑：班长，大礼拜天，又发福利啦？好好，不贫了，我马上出发！

B 胖子，正在和老婆和女儿逛街。

B 胖子接通手机：班长，哪个站？好的，我马上走！

胖子接电话时，（切）女儿嘟嘴不满意的特写，一松手，气球从手里升空飞跑了。

C 瘦子，正在家里厨房和老母亲忙活着。

C 瘦子：好的，好的！我马上走！

黑场。节奏性很强的打击乐音乐响起——

## 2. 抢修班办公地　日　外

检修班员工快速填写工作表格，收拾抢修工具，穿好电工服到楼下集合。

班长点名后，纷纷上车，汽车驶出公司大门。

## 3. 街道　日　外

一个新员工气喘吁吁地赶到单位门口，见车已驶出，立刻追赶，边跑边喊：等一等。

班长探出抢修车车窗，凶吼：跑！

班长回过脸对司机说：不要停，开！

抢修车继续启动。

新员工跟着车跑了一段，弯腰喘息。

班长吼：认怂了就上车！

晃动的抢修车上，新员工喘息、流汗靠在座位上。

画外班长的声音：抢修就是与时间赛跑！以后长点记性！

车子飞驰着。

车子驰过山路，进入黑暗的隧道。

旁白声：班长，就是用这种方式，给我这个刚进抢修班的新人小胡，上了第一堂课！这种方式真的是——长记性！忘都忘不了。

## 4. 检修班　日　内

班务会上，班长在给大家谈总结。

众人发言讨论。

小胡恍惚走神。

一工友用手在小胡眼前晃。

小胡猛然意识过来。

胖工友：胡又失恋了？你看胡子几天没刮了！

众人笑。

小胡不好意思地挠挠头。

闪回一：

小胡和女友 1 面对面坐在公园石凳上。

女友 1：工作二十四小时待命，哪还有空谈恋爱啊？！

闪回二：

小胡和女友 2 面对面坐在咖啡馆。

女友 2：高空、高压、高危，这是啥？三高人群啊，将来我怎么办呢？高烧？高嫂？

女友 1：不行！

一盏灯熄了！（类似电视节目《非诚勿扰》效果）

女友 2：不适合！

又一盏灯熄了！

闪回三：

女友 3：咱俩的事，我妈说了……

小胡期待的眼眨巴着。

女友 3：不同意！

第三盏灯也熄了！

班务会现场。

眼镜工友：这种事急不得，得需要有人传送，哥是过来人，啊？回头给你传传啊……

众人笑。

班长：你一个刚刚温饱刚找到媳妇的，哪来那么多花样？

众人笑。

眼镜工友：师傅花样多，当年追师母的……花样，得给新人传一下……

众人笑。

班长手点着眼镜工友，笑着不语。

## 5. 职工餐厅　日　内

全景餐厅。

班长端着饭碗，走到小胡身边坐下来。

班长陪着小胡一起吃。

班长：咱们是搞电的，自己电力不足，人家姑娘肯定对你……不来电！

小胡苦笑了一下。

班长：要想别人看得起，首先得自己了不起！

小胡吃着停下来，落寞地看着班长：班长，干咱这种工作，怎么能了不起呢？啥样的女孩会对咱来电？当年师母对你这种工作来电？

班长：师母对这个工作不来电，是对我这个人来电！干一行，就得干出个样子，咱得让女人看到自己的精神风采，事业上看到希望！有盼头才有奔头！

闪回到 20 世纪 90 年代。

班长笑着拿着电力系统检修竞赛二等奖。画外鼓掌声。

颁奖会上大家为班长鼓掌。

工友们纷纷传递着、羡慕地指点着奖状。

90 年代的职工宿舍。

班长的女友欣喜地看着奖状，看看班长。

班长调皮对女友说：不埋怨了吧？不得犒劳犒劳我！

女友亲昵地去亲班长的脸。班长努努嘴。

女友飞快地亲了班长的嘴唇。

班长搂着女友，夸张地晕倒。

闪回到餐厅。

小胡笑着：班长，就搂搂、抱抱？

班长：是啊！

小胡：啥事没干？一个吻事情就定了？

班长：就这样成了啊。

小胡羡慕地望着前方：哎呀，那时候的女孩，纯呀！

班长：你小子想哪去了？

小胡：现在的女孩，生的煮熟了，都还能飞走！

班长：只要事业做出成绩，爱情就会开花结果！说正经的，你在咱们班是学历最高的，电力工作也在逐步实现高科技智能化，整个市局里，我看好你！

小胡看着班长。

班长：但……得做好眼前的工作！变电站就是咱们班的阵地！你就是个将军的命，也得先从这个阵地里滚出名堂！

小胡若有所思。

### 6. 单位阅览室　日　内

小胡翻看着检修工具书。

小胡和工友眼镜讨论问题。

小胡在培训课上认真听讲记笔记。

### 7. 变电站　傍晚　外

在变电站作业现场，小胡和班长协同检修。

小胡利索爬杆，先于班长爬了上去。

班长满意地笑了。

小胡在很多线路中排查：流汗的脸，检修成功，和班长对视，手举拳头庆祝一组镜头。

班长看看手表，冲小胡竖起大拇指。

班长：不错！思路清晰，问题找得快、找得准！

小胡直起腰，一不留神大幅度摇摆了一下。

下面的胖子工友惊呼。

班长一把手抓住了他。

小胡慌乱的神情。

班长吼：在变电站干活，就是医生在手术台上！

看着小胡喘息的脸，班长语气缓和了一下说：和命打交道，一刻也不能马虎！

检修结束，班长和小胡下山。

班长画外音：

我来检修班 20 多年了，在变电站作业 20 年了，在这个阵地上，我带的人，一个都不能少！这是我的誓言！

## 8. 电检班　日　内

手机彩铃《江南 STYLE》的声音响起。

班长接通手机：什么？芦池站？好的！我们马上出发！

胖子工友惊愕地看着班长：芦池站是 19 个站里最重要的一个站啊。

班长：抢修可能比咱想象的更难！做好心理准备！点名出发——

## 9. 变电站　晨 / 夜　外

抢修车进入事故站的大门。

工友们紧张有序地进入现场纷纷忙碌。中午午饭时间，大家边吃边讨论。饭后继续进入工作状态。

小胡和班长面对面交流着，手表上的表针咔嗒咔嗒走过，不知不觉已到傍晚。

小胡和班长对视，伸手示意 OK。班长完成最后一个动作，喊：好了！完工！

众工友在傍晚的晚霞中挥舞着呐喊着：完工……

眼镜工友现场作诗：我轻轻地来，来时还是早霞；我轻轻地走，走时已经晚霞；灯，你开始亮吧！

### 10. 山路　傍晚　外

晃动的车厢，横七竖八躺着一身油腻熟睡的工友。班长专注地开着车，小胡半靠在副驾驶上。

抢修车驰过山路，进入灯火中的市区。路灯下老头老太太们欢快地跳舞，灯影下情侣在谈恋爱，夜市小吃摊格外热闹。

在明暗的光影中，晃动的车厢，横七竖八躺着一身油腻熟睡的工友。

### 11. 班长家　夜　内

班长进门，屋里黑着。

班长开灯不亮。

发现妻子坐在黑暗中的沙发上。

班长：怎么回事？

妻子：……

班长：……生我气了？

班长凑近妻子。

妻子带着哭腔：灯不亮了……

班长：嗨，灯不亮你打检修电话啊。

妻子靠过来：我……就想在黑地里，等你回来……

班长：……

妻子靠在丈夫的肩膀上，窗外的灯光映着泪光：你，你们……都一样，太累了！我不想叫他们！

夫妻两个在黑暗中偎依着。

拓展阅读

# 心旅

# 心　　旅

范晋宁　卢保红　陈爱红 | 国网临汾供电公司

## 1. 国网临汾供电公司门口　日　外

汽车停在门口，车门开，小丽下车（穿着时尚）走进办公楼。

## 2. 办公室　日　内

小丽坐在办公桌前，收拾工作用品。

小丽同事：小丽，我觉得公司组织的青年志愿者服务队挺有意义的，咱们也去吧？

小丽：哦……好吧。

## 3. 会议室　日　内

志愿者负责人张队长：今天，我们志愿者服务队增加了 3 个新成员，他们是王小丽、李强、周勇，大家欢迎……（鼓掌）自从公司号召我们向解黎明学习后，我们青年志愿服务队就成立了，成立的目的就是尽我们的能力来帮助那些需要帮助的人。我们不图名、不图利，要把黎明精神弘扬下去。

小丽开始戴耳机，听音乐……

内心独白：空话连篇，形式主义，真没意思。

后面的话，她就没听。

张队长：周六我们有个活动……

### 4. 办公室 日 内

小丽认真地工作，一天很快就过去了。

小丽看看表，收拾东西准备回家。

### 5. 公司大门口 日 外

保安：泽垚又来看妈妈呀？

泽垚：嗯。叔叔，我先走了（快步走向大楼）。

保安：慢点。（自言自语：唉，真是可怜的孩子）

小丽从旁边经过，自语：可怜？

### 6. 饭店 夜 内

小丽朋友：小丽，周六我们去太原玩，一起去吧。

小丽：好呀。正好想买些东西……对了，我今天加入了我们公司的志愿者服务队，感觉没啥意思。

小丽朋友：志愿者服务队，干啥的？

小丽：我也不清楚，反正我感觉好像就是走走形式，捐钱呀，搞个活动什么的。

小丽朋友：哦，不就是捐钱嘛。你家那么有钱，不在乎，呵呵。

小丽：不说这了，快吃吧。

## 7. 办公室　夜　内

小丽加班后，收拾东西准备下班。环顾四周，同事们都已经走了。

## 8. 公司楼道　夜　内

小丽看到了一对母女，在打扫楼道内的卫生。那个小孩子看起来眼熟，回想正是早晨在公司门口见到的孩子。

小丽内心语：是她，她怎么在打扫卫生？

小丽不理解，边打电话边走向电梯。

小丽打电话说：哦。我就到饭店，今天吃什么？好呀，一会见……

## 9. 办公室　夜　内

小丽加班后，看了下表，挎包走出办公室，不经意回头又看了下楼道。

## 10. 公司楼道　夜　内

小丽又看到了那对母女。她停下了脚步，慢慢走了过去。

墙角放着小孩的书包，小孩正帮妈妈拖地板。

泽垚：妈妈，今天你的腰还疼吗？

妈妈：今天好多了，作业多吗？快考试了，放学后，你就别来帮我了。

小丽：小朋友，你为什么每天放学来帮妈妈干活呢？

泽垚：为了和妈妈早点儿一起回家。

小丽走向电梯。内心：好懂事的孩子。别人家的孩子估计这会儿都在吃饭了，难怪保安说她可怜。

### 11. 小丽家客厅　日　内

小丽的奶奶：今天真是遇见好心人啦。

小丽的爷爷：是啊，是啊，要不我俩还得走着回来哩。

小丽的父亲：妈，咋回事啊？

小丽的奶奶：今天我俩上了公交后才发现出门忘带老年乘车证了，身上又没零钱，正准备返身下车，旁边一个年轻人把我们叫住，替我俩掏了钱，你爸掏出五块钱给人家，人家孩子说啥也不要。嗨，真是遇见好人了……

看着老人溢于言表的感谢之情，小丽内心波澜起伏：奶奶因为有腰疼的毛病，平时走不到二三百米就得找个地方坐下歇歇，根本走不了远路，加上老人一辈子勤俭惯了，又不舍得打的，这要真走回来，哎呀，真不敢想象。也不知道是谁帮了爷爷奶奶，真想当面跟他说声谢谢……

### 12. 公司大门口　夜　外

小丽坐在车里，看到母女俩出了大门喊道。

小丽：小朋友。

泽垚：阿姨，你怎么还没走呀。

小丽：我在等你们。

泽垚：等我们？有事么？

小丽：没事，上车吧，我就是想送你们回家。

### 13. 三人坐在小丽在车里　夜　外

车停到了泽垚家的小区。

## 14. 泽垚家客厅　夜　内

小丽：泽垚，你爸爸呢？

泽垚拿着照片给小丽看：这就是我爸爸，他在外地打工呢。

小丽：想爸爸了？

泽垚眼中含泪：嗯。可是爸爸要挣钱，几个月才能回来一次，平时家里就我和妈妈两个人，所以我每天一放学就去找妈妈，妈妈太辛苦了……

小丽：泽垚真懂事，这么小就知道心疼妈妈了。

泽垚：我就是想帮帮妈妈，不想她太累……

妈妈：我和他爸都是下岗工人。我女儿特别懂事，她知道家里穷，从来都不提什么要求，人家别的小孩子吃零食，她也从来不要。每天回来我只能简单做点晚饭，让孩子先吃饱。来，一起吃点。

小丽看着简单的晚饭。

## 15. 车内　夜　外

小丽开着车，想着自己每天晚上丰盛的晚餐，又想着泽垚家饭桌上简单的晚饭。

## 16. 公司楼道　日　内

志愿者服务队负责人张队长：小丽，周六的志愿者活动别忘记了。

小丽：张队长，不好意思，我周六和朋友约好了，有事，去不了了。

张队长摇头：唉……

## 17. 水果摊点　日　外

小丽打电话：我不去太原了，你们去吧，我有点事。

小丽往后备厢放水果。

## 18. 泽垚家　日　内

小丽敲开了泽垚家的门，张队长开的门。

小丽：张队长，你们……

张队长：快进来，堵车了吧？来把东西放这里。

小丽进屋，和黎明服务队队员一起帮着收拾家。

## 19. 会议室　日　内

闪回。

小丽戴着耳机。

张队长：周六我们有个活动，要去贺泽垚家去看看，她家的情况是这样的……

## 20. 泽垚家　日　内

小丽看着服务队员开心地帮助泽垚家打扫卫生，看着志愿者带来的学习用具，内心独白：原来他们不是走形式，他们是真心在帮助需要帮助的人。我懂了。

小丽回想第一次来泽垚家的一段对话。

小丽：泽垚，你长大的愿望是什么？

泽垚：我要好好学习，考上大学，将来挣钱给妈妈买鸡蛋吃。

小丽：为什么？

泽垚：因为妈妈说少吃几个鸡蛋，就可以给我买水彩笔了。

**21. 饭店　日　内**

小丽朋友A：周六一起去玩吧。

小丽朋友B：是啊，广场那边新开了一个KTV。

小丽：不了，我周六和志愿者一起去看望留守儿童，他们需要我们的帮助……

（字幕）在黎明精神的感召下，在广大志愿者的真情付出下，国网临汾供电公司青年志愿者已经发展到500人。他们默默地奉献着自己的爱心。

拓展阅读

# “木讷”班长张登宇

# “木讷”班长张登宇

李　强　宋宏雄｜国网朔州供电公司

## 1. 办公楼　日　外

办公楼大厅检修公司公告栏前张贴着任命文件，人头攒动，议论纷纷。

海报张贴着张登宇的内容。

围观者甲：张登宇，化验班班长。能行吗！

乙：呲，在四个女同志的化验室当班长？（几人面面相觑）

小王抱着资料过来不解地看着几人，又看看公告栏。

## 2. 化验班办公室　日　内

小刘、小李和老唐异口同声地：张登宇？

小王点点头：是啊！

小刘：他？玩笑不会开，大话不敢说，一天就知道埋头干活儿，说白了，现在当头儿的，哪个不是伶牙俐齿、能说会道的？

小王：就像你？

小刘：我可没说我。

老唐低头沉思。

旁白（老唐）：其实，大家心里想什么，我都知道。我是登宇最老的同事，他从学校一毕业就分配到了化验班，17 年了，他总是那一股子劲，勤勤恳恳，少言寡语，似乎只懂得工作，论人品，论业务能力他都没的说，但他能不能当好这个班长……（说完抿了抿嘴唇继续干活）

### 3. 会议室　日　内

张登宇看着手中的资料，嘴唇动了动，准备讲话，但犹豫了一下，又把资料放了下来。

张登宇：（脸红，结巴，紧张）唐姐，小刘，小李、小王都到了啊，今天，今天，咱们开个会，开个会。

小刘：张班长啊，今天开啥会呢？会议的主题是什么呀？（有点挑衅的意味）

张登宇：呃，这个，这……其实也算不上开会，就是和大家说一个事。就是，今后吧，咱们都重视一下学习。现在，现在，电网设备更新得快，咱们的化验仪器也经常要补充。

小刘：我感觉吧，我感觉，不加强学习，咱们没法适应现在的工作要求。大家要能把学习和工作结合起来，结合起来，在干中学，在学中干，争取，争取把咱们的工作越做越好。是吧，班长？

张登宇看着小刘说完这些话，和大家笑笑说：就是，就是，既然大家都明白了，那就这样吧，散会。

下面的人互相做着鬼脸，对张登宇都是一种很不屑的表情，起身离开会议室。快出会议室门口时，几人嬉笑着说着悄悄话。

张登宇看着手中的那些资料像是在思考着什么问题。

老唐回头看了张登宇一眼，叹了一口气。（担心状）

### 4. 楼道　日　内

大家在楼道里边走议论纷纷。

小李：小刘，你给班长补充得真好。（崇拜状）

小刘：我就知道他要说这些。（得意状）

小李：咱们班长可真逗，说话结结巴巴，还脸红。（俏皮状）

小赵：是啊，你说现在这姑娘家讲话都不脸红，他还脸红。（不屑状）

老唐：不过我倒觉得既然人家能当班长，那肯定还是有他的优点的，你说呢，小王？（说着停住脚步）

小王想了想：嗯，按理说倒也是。（看向几人）

### 5. 化验室　日　内

张登宇在化验室一边翻看说明书一边操作仪器，并不时在笔记本上写着什么，老唐走进化验室准备把工作服拿回家洗。

老唐进来：哎哟，班长也在呀，又在研究什么呢？（不由笑了笑，看了看张登宇手中的活）。

正在专心学习的张登宇这才发现老唐：哦，我看看这台新仪器怎么用。

老唐：这大礼拜六的也不在家陪陪弟妹？

张登宇笑笑：哦，呵呵，不用，她挺好的。（看着老唐）你找我？

老唐：我不找你呀！

张登宇有点不解：你不找我，那你……（不明白地看看四周）

老唐：嗨，我把工作服拿回家洗洗。（说着把工作服晃了晃）

张登宇不好意思地：哦。

老唐：班长啊，说实在的，你这么带头学习，弄得我们不学都不好意思了，你看，咱们班现在的学习氛围多浓？

张登宇傻笑着答应。

老唐：可是我就奇怪，你说你，平时你成天加班加点，这大礼拜的你也泡在单位里，弟妹就不催你回家？

张登宇：嗨，催啥呢，不催。

张登宇的电话响，两人扭头看电话。

电话上写老婆。

由于电话离老唐近，老唐一把拿了起来，看看电话又看看张登宇：（把电话给了张）班长，我先走了，你和弟妹慢慢聊啊！

张登宇接起电话：喂！

只听见那边的女人声音：张登宇，你在哪儿？

张登宇：在，在单位啊！

老婆：孩子的台灯坏了，你回来修一下。

张登宇：台灯坏了？怎么弄坏的？

老婆：怎么坏的，我咋知道？我又不是电工。

张登宇愣了愣：哦。（挂了电话）

## 6. 张登宇家　日　内

张登宇在家修台灯，妻子和女儿站在一旁。

妻子抱怨：你说就这么一个台灯，都过去几个礼拜天了，到现在才修，孩子的作业就不要做了，（盯着张登宇）我可真服了你了。

张登宇：这不是正修了么。

女儿：爸爸，台灯能修好吗？

张登宇：哦，那肯定能。爸爸就是电工，爸爸一修，台灯准好。

老婆：看你平时老实巴交的，还挺能吹的你。

张登宇呵呵地笑着。这时张登宇的电话响了起来。

张登宇接起：喂，什么，木寨站 1 号主变压器故障跳闸，需要派人立即带便携式仪器到现场抢修？好，我马上去。（挂掉电话，边拿外套边说）有抢修任务了。

妻子：又要抢修？

张登宇：嗯！

妻子：派她们去呗。

张登宇：这大周末的，女同志们家务事多，还是我去吧。（穿好衣服出门）

妻子很不高兴：那孩子的台灯呢？

张登宇停住，面带愧色：回来再修。（说完骑车而去）

女儿也撅起了嘴。

妻子看着离去的张登宇：回来修，回来修，回来又是大半夜，我还不知道你！

### 7. 化验班办公室　日　内

四人在一块研究着工作。

小李：你们说咱们这班长老实巴交的，还挺大男子主义的。

小王：那可不，昨天的抢修明显就是考虑咱们女同志星期天事儿多，所以他自己才去的。

小刘：呵，人家为咱们女同志着想，难得呀，以后遇到了事，咱们一定得积极点儿，可别让人家觉得咱们女同志就怎么的。现在的社会可是男女平等。（争强好胜状）

老唐笑着：我们的小刘志气蛮大的。

小刘不置可否地笑了笑。

老唐也笑了笑，不再言语。

## 8. 化验室 日 内

老唐和小刘做着化验工作。

小王和小李操作色谱分析仪，张登宇站在一旁指点。

小王用怀疑的口气问：班长，这次油色谱考试咱们能得前三名吗？

张登宇：这个，我们还是要多加强一下学习。

小李：班长，我看以我们现在的水平考个第二，估计就没人能考第一，是不？

张：低调，低调，我们要多加强学习。（说完拿了些资料出去了）

几人相互做了个鬼脸，又开始工作。

## 9. 电力公司 日 内

公司来来往往的员工们。

旁白（老唐）：人们常说“喊破嗓子，不如做出样子”，登宇虽然没有刻意去做什么样子，但总是在不经意间给大家树立了榜样，无论是学习，还是工作，他处处都在用行动影响和召唤着大家。我们也一直单纯地认为他就只知道苦干，学习。可是，直到有一次……

（配各种场合学习、工作的镜头，用快镜头集中体现他爱学习、肯钻研、勤工作）

## 10. 化验室 日 内

小刘突然大叫：哎呀，不好啦，我的仪器出故障了！大家快来帮我看一看。（手足无措状）

其他三个班员一起凑过来帮着查找原因，几人手忙脚乱的还是不行。

小刘着急地：怎么办？以前可从来没有遇到过这种毛病。

小李：联系厂家吧！

小王：好，我现在就去打电话。（说完匆忙离开）

小李查资料，但是没有故障代码，现象又不好描述，很难查到解决的办法。大家急得团团转。

小王回来：不行，厂家说最快也要 7 个小时才能过来。怎么办呢！

小刘焦急地看了看表：这化验结果还有半个小时必须上交。

老唐突然说：对了，找班长。（急中生智状）

小刘不太相信地：班长，他，他！那好吧！（跑了出去）

化验室门牌下，张登宇被小刘急速领了进去。

张登宇：我先看看。

拿起万用表测量电路。

张登宇：电路没有问题。断开桥流，看基线。

小刘按要求操作着。

张登宇：是气路的问题。

排除故障，重新启动色谱仪。

张登宇：好了，正常了。

几人终于放下了心，小李：班长，你太伟大了。

张登宇微微一笑：我觉得还是应该加强一下学习。

小刘看着张登宇，微微低下了头。（感激状，又有点不好意思）

小王：你说咱们班长人看着挺木，咋脑袋就那么聪明呢？

小李：还没看出来呀，咱们班长可是典型的学习型人才，他那么爱学习，能不聪明吗？

老唐：小刘，你可不能再说班长“木”了，人家是平时不爱说话，叨咕起专业来，那可是一套一套的，我觉得还是应该加强一下学习！（学班长说话的口气）

大家都开心地笑了。

小李：你们没发现，咱们班长集体主义观念特强，他不光自己进步，还带咱们一起进步。

（配合张登宇工作的画面）

旁白（老唐）：从这次事件以后，大家对登宇都有了新的认识，学习也变得更积极了。

（配合化验班所有人考试的画面，每个人专心的表情……）

这次绝缘油色谱考试我们班居然真的夺了全省第一，这是对我们化验班长期注重学习的有力肯定。

### 11. 化验班办公室　日　内

张登宇拿着一份红头文件，脸上带着按捺不住的喜悦。

小王：咱们这次考试集体第一名，班长个人第二名！班长，你太棒了，请客吧！

小赵：就是，这论集体荣誉、论个人荣誉，班长都该请呀，大家说是不是？

大家异口同声：是！（兴奋状）

张登宇这时显得十分不好意思，不知道该说什么好，脸明显涨红：行，我请！（慢腾腾）

此时工区王主任走进来，脸上挂满笑容：考了第一把你们高兴的。

小刘：那当然，这不都是因为我们有个好班长么。（骄傲状）

张登宇：王主任！（有些小激动）

王主任：呵呵，第一算啥，今天啊还有一个好消息要告诉你们。

几人疑惑地：还有好消息啊？

王主任笑容满面地从背后拿出了一面锦旗：登宇，看看这是啥！（边说边展开锦旗）祝贺你们化验班，被评为“全国质量信得过班组”了。

张登宇和四女同志高兴地：真的吗？（惊喜状）

王主任：那还有假，你们化验班啊为咱们工区争了光，为公司争了光，你们真是好样的！我向你们致敬！（弯腰鞠躬）

小李：哎呀，这可是双喜临门啊！

大家欢呼雀跃，激动万分，掌声雷动。

张登宇激动地：谢谢主任！（鞠躬回敬）

掌声再次响起。

## 12. 化验室门厅　日　内

一面锦旗端端正正地挂在了墙上。

张登宇动作缓慢而虔诚地挂好锦旗后转过身来。

化验班全体班员分列两排，现场响起热烈的掌声。

张登宇正要招呼大家离开，有人提议班长讲两句。

小赵：班长，就这么完啦？怎么也得说两句吧？

张登宇显得有些不好意思地：说什么呢？

大家一齐催促着：说吧，说吧。

张登宇：说两句。这份荣誉感谢大家，希望大家以后继续为咱们班多做贡献！我觉得主要还是应该加强一下学习。

老唐：班长，我们听你的！（斩钉截铁，说着把一只手搭在张登宇的一个手腕上，紧握着，拉成直线，表情有点小坚定）

这时，大家一一伸出自己的一只手，一边说着“听你的”，一边紧紧地搭在一起，形成一个坚不可摧的有机整体。

张登宇用感激的目光扫视着大家。

旁白（老唐）：后来我们化验班的荣誉接连不断地往回拿，“省级优秀

QC 成果奖”又拿回 5 个，这都归功于我们的班长张登宇。他是一个行胜于言的人，是一个地地道道的实干家，他缺少言语，但不缺智慧和责任心，他用行动和成绩证明了自己。实践是检验真理的唯一标准，我们没有任何理由再怀疑他，他已经成为我们心目中最美、最能干的班长。相信在他的带领下，我们化验班的明天一定会更加美好！

（字幕）谨以此片献给那些兢兢业业、默默无闻、辛勤奋战在电网一线的员工们！

拓展阅读

# 幸福时刻

# 幸　福　时　刻

徐振霞 | 国网大同供电公司

## 1. 山道上　日　外

初春，山道，背着行包的小张在跋涉。

## 2. 经理办公室　日　内

经理：再有 100 天，太阳能大赛（SD）就要在大同举办了，我们也向社会郑重做了承诺。

小张：誓师会也参加了。

经理：我们公司不光要保证比赛用电，还要利用新能源解决今年公司计划的无电村的通电任务……

小张：明白，有什么任务您就吩咐吧。

## 3. 山道上　日　外

山道，小张在跋涉。

## 4. 经理办公室　日　内

经理：后山变电站是给臭水村建太阳能电站施工供电的关键，原来是老刘和老李守着，现在老李的胃病又犯了，所以我们想派你去接替他。

小张欲言又止。

经理：你是大学生，技术过硬，思想政治上也过硬。这也是我们想来想去选择你的原因，有什么困难吗?

**5. 山道上　日　外**

山道，跋涉中小张脸上的汗。

**6. 经理办公室　日　内**

小张：没有，坚决完成任务。

经理：好，我们知道你最近要结婚，看来只能推迟了。不过，等任务完成了，我们一定给你补办婚礼。

**7. 山间变电站　日　内**

山间，变电站。

老刘带着小张在一排排仪表、电闸间巡视，老刘在介绍情况，小张不断点头，不时还在本子上记着。

**8. 山间变电站　日　内**

老刘：今天白天和晚上就我们两个人啦，你们年轻人觉多，晚上就多睡会儿吧，我年纪大了，觉少。

小张：不行，您得多睡会儿，我盯着，我们年轻人习惯了熬夜，您休息好，第二天精神。

老刘：这个地方的特点是清净，清净得让人感觉到好像与世隔绝了，吃水吃菜也不方便，饭得自己做，环境很艰苦，年轻人待时间长肯定受不了。

小张：慢慢就习惯了，人的岗位分工不同，只要你热爱它，用心去干每一件事情，就会习惯的。

老刘：小伙子，你真是我们企业的希望，好好干！

### 9. 学校教室　日　内

学校教室，正在上课，黑板上写着作文题目《我和太阳能》。学生们在奋笔疾书，小王（张的未婚妻）在教室巡视，不时低头和学生悄声交流。手机震动起来，小王伸手挂掉。隔了一阵，手机又在震动。小王拿出手机看看，果断摁掉，继续巡视。

下课了，学生们涌向操场，小王夹着教案准备回办公室，手机又响起来，小王接起电话，脸上的表情很复杂，既有愤怒，又有失望，还夹着一些痛苦。

小王：你有完没完？咱们已经吹了，以后再打我告你骚扰。

小王：我的承诺？那你的承诺呢？

小王：骗子，你以为是在做游戏啊，好多亲戚朋友我都通知了，我怎么和他们解释？

小王：SD，SD 比结婚还重要吗？

小王：都重要？可结婚只有一次。

小王：SD 在大同也只有一次，那你和 SD 结婚去吧。

愤怒地挂断电话，泪眼望向前方，在风中摇曳的树。

### 10. 山顶树下　日　外

山顶的树，树下流泪的小张。

### 11. 山间　夜　外

山间，夜，灯火通明的变电站，小张在机器前巡视。老刘在远处默默注视着，良久，发出一声轻轻的叹息。

## 12. 山顶树下　日　外

白天，山顶的树下，小张在打电话，通了，又变成了忙音。小张黯然的脸。

## 13. 变电站　夜　内

夜，变电站内，两个人在吃饭，小张吃了几口，放下碗。

老刘把菜夹到小张的碗里：多吃点，吃饱了不想家。

小张：刘师傅，你来这里几年了？

老刘：没算过，从这个变电站一建起来就来了。

小张：那你家里也习惯了吧？

老刘：那不习惯怎么办？我以前在部队的指导员就常说，有打主攻的，就要有打阻击的。打阻击的牺牲大，缴获小，但能上的都是硬部队。所以，我们入连的第一堂课，连长给我们讲的就是英勇奉献。

小张：那，嫂子能理解吗？

老刘：女人嘛，谁愿意自个儿带着孩子守空房啊。可只要她知道你干的是正事，是好事，最后都能理解的。我老婆就是前山那个村子的，以前没有电，黑灯瞎火的一到晚上就害怕，好几次哭着闹着让我回去。后来通了电了，什么都方便了，也就理解了。隔段时间就来看看，送点换洗的衣服和咸菜。对了，我老婆腌的咸菜是一绝，以后有机会给你尝尝。

小张：那现在嫂子不用来了吗？

老刘：不用了，年纪大了，上山我也不放心。再说，领导后来也了解了情况，又派来个老李，不忙的时候，两个人也能轮着回家一天。

老刘：你们年轻人，现在还能上网看看什么的。我刚开始很寂寞的，偶尔下下棋，或者一个人到山上去转转，夏天的时候听听鸟叫声，到了冬天就只能听风吼了。说实话，以前两个人一个月加起来说的话都没今天多。唉，小张，你还没成家吧，有对象了吗？

小张：说来话长，本来明天是我结婚的日子，由于这次工作任务，婚期推迟了，媳妇现在还在和我闹别扭呢。

小张轻轻拭去眼角溢出的泪，两个人沉默了。

## 14. 校长办公室　日　内

白天，学校，校长办公室。

小王推门走进来，愣了。屋里茶几上摆着水果，除了学校的几位领导外，还有经理和几个电力公司的男女员工们，其中一个女孩手里捧着一捧硕大的玫瑰。看小王进来，大家都站起来：

王老师，祝贺你，新婚快乐。

小王的眼泪夺目而出：婚礼？婚礼已经没有了。

捧花的女孩：嫂子，快坐下，坐下。

几个人忙簇拥着小王坐到沙发上。

## 15. 工作现场　日　外

云在游走，电力人员在勘察通电情况，草在变绿，电力人员在紧张地做通电前的保障工作。

满山的花开了，时光流逝到了夏天。

一只手在日历上的8月2日画了个圈。穿着短袖的小张想想，终于下决心掏出手机，用笔在上面编短信：

如果你原谅了我——

### 16. 工作现场　日　外

SD 开幕式，现场。

### 17. 电视机前　夜　内

晚间电视里新闻联播报道 SD 盛况，小王手机响了，短信上显示：“如果你原谅了我，我一定给你一个充满光明的未来”。小王的眼泪夺眶而出。这时，想起了门铃声。

### 18. 变电站　日　外

白天，变电站，老刘和小张一如既往地在电闸和仪表前交流，突然想起了婚礼进行曲的音乐，两人愣了，门口，一身婚纱的小王在两个女孩的簇拥下缓缓走进来。小张脸上的表情在变幻着，由发呆，到流泪，再到发自内心的笑。最后，小张跑过去，两人带着泪紧紧拥抱。周围响起了一片掌声。鼓掌最响的是经理和老刘。

### 19. 山顶　夜　外

夜，两个人相拥着坐在山顶，小王在婚纱之外披着一件小张的西服。

小王：你不是承诺说，要给我一个充满光明的未来吗？

小张伸出手：你看——

前方是一片灯火通明的景色。

拓展阅读

# 守望

# 守　　望

徐　路 | 国网阳泉供电公司

## 1. 卧室　清晨　内

清晨六点，卧室气氛宁谧。床上躺着的是熟睡的小刚。连续两夜的加班抢修让他看起来是如此困倦。

一声电话铃声打破宁静。

在电话铃声响起的第二声，小刚迅速坐起，拿起手机“粗暴”地揉了揉睁不开的双眼。

他满腹疑虑：这才六点，师傅怎么会打电话呢。

按照职业习惯，他迅速拉开窗帘看了看外面的天气。

他自己嘀咕着，边接了电话：天气这么好，应该没有什么事儿啊。

小刚：喂，师傅，有什么事儿啊？

师傅：起床了吧？出去陪我走走吧。

小刚：出去走走？好，我马上下去。

## 2. 小刚家楼下　清晨　外

小刚迅速穿戴好，三步并做两步来到楼下，师傅早已在车内等候。

小刚心想今天师傅应该有什么特别的事，便收起了笑容。

小刚：师傅，咱这是要去哪儿啊？

师傅：随便走走吧，一会儿你就知道了。

就这样，伴着东升的旭日，车便向前驶去。

## 3. 会议室　早 7 点　内

大学生 A、B、C 在会议室贴横幅。

A：今儿到底什么事啊，班长为什么这么早就叫我们来？

B：你不会这么笨吧，没看横幅上写的字吗？

C：听说郭师傅明天就正式退休了，咱们领导安排让组织召开欢送会。

A：你们说说，至于吗？一个普通职工退休，需要搞得这么隆重吗！

大学生 A 说完便从桌子上跳了下来开始摆桌子。

大学生 A 的话音还未落，班长走了进来。

班长：年轻人，怎么能这么说话呢？郭师傅在咱们岗位上可是干了 40 年了啊！今天我们就是要用这种方式给他留个纪念。赶快布置会场，一会儿郭师傅来了要给他一个惊喜。

班长说完，三个人都再不敢吱声，背着班长互相做了个鬼脸，赶紧继续布置会场。

## 4. 508 线　早 7 点　外

话外音：曾经有人戏言，巡线工就算忘了回家的路，也不会忘了巡线的点儿。夸张是夸张了些，可谁又能说这全无道理呢。有些路，一旦开始走，便是一辈子，本是大家的路，可走着走着就走到了你心里了。你都不知道，究竟是你伴随了这路，还是这境遇成全了你。

师傅郑重地打开车门下了车，整理工装，戴安全帽，各个环节，一丝不苟。小刚看在眼里，也便赶忙收拾好，追着师傅，开始巡线。

小刚心中纳闷：师傅带我来这里干嘛？

就这样，两个人沉默的走了好一阵。

突然师傅在一处杆塔下驻足。师傅踱步上前，开始抚摸着那个线杆。

师傅：这是我刚参加工作后第一次抢险的地方，也是因为它，我失恋了。

小刚：师傅，那能给我讲讲吗？

师傅：那还是40年前的事了……

### 5. 抢修现场　40年前的某天下午6点30分　外

天已蒙蒙擦黑，可是抢修的任务还未结束。已经一个小时了，郭旺青和同事们连续工作着，在他们的努力下，线路正在一分一分得恢复中。

6点50分，郭旺青终于完工了，他想起来约会的事，赶忙跑去看表。顾不上梳洗的他，登上卡车便奔赴街心公园。

### 6. 街心公园　40年前的某天下午6点30分　外

丽丽正在街心公园里焦急地等待着自己的恋人。为了今天的约会，丽丽真是颇费了一番功夫。那精心梳理过的麻花辫，那左挑右选的连衣裙，一切都那么让人清新畅快。只是丽丽的表情似乎和这美景并不协调，很显然，郭旺青的迟迟未归，已经让这位美丽的姑娘极度不满。

车到街心公园还没停稳，郭旺青就跳下车，往长廊里跑。

郭旺青：还好，丽丽没走。看到丽丽的倩影，郭的心稍稍安定。

失去耐心的丽丽正准备离开。

郭旺青：丽丽，你听我解释，我……

丽丽：还有什么好解释的？我们的几次见面，你从来没有准时到过，每次都说工作上有事儿，在你心里只有你的工作！你忙你的去吧！说完这句，丽丽扬长而去。

郭旺青：丽丽，丽丽……工具袋散落一地。

## 7. 508线　早7点　外

小刚：师傅，那后来怎么样了？

师傅：后来……也就没有什么后来了。

说完，师徒俩便继续往前走。

小刚：哎，师傅，那你因为工作的事儿失去了很多啊。

师傅：不能那样说，就是因为那一次抢修工作完成得好，领导还专门表扬了我。

天气由晴转雨。

师傅：这山区天气啊，变化无常，这不刚才又下了点雨。

小刚：就是啊。

突然，小刚脚下一滑，一个趔趄。

郭师傅赶忙搀扶：怎么了，小刚？

小刚：没事，师傅。就是不小心滑了一下。

师傅：千万注意啊，正想向你交代呢。这条路由于地形地貌的原因啊，下雨地面湿滑，千万要注意啊，二十多年前也是在这里……

## 8. 508线　20年前　外

一次普通的巡线，让郭旺青有些不耐烦了。大家都走在因雨水而湿滑的山路上，格外小心，郭旺青完全没把这当回事。

同事：同志们，小心路滑。

郭旺青：没事！

意外往往就在这时发生。

郭旺青：哎哟！

郭旺青脚下一滑，险些摔下山崖，他前后的同事赶忙上前拽住了他。七手八脚的连拉带扯，把郭旺青给带了上来。

## 9. 508线　早8点　外

小刚：师傅，怎么样，那你伤着没有？

师傅：倒是没什么事，就擦破了点皮。（脑海中回忆骨折）

师傅：所以，安全无小事。以后别怕大伙嫌麻烦，多给他们唠叨唠叨。

小刚：是，师傅，记住了。

这时小刚的电话响了，电话上显示是班长。

小刚独白：坏了，光顾着和郭师傅巡线，忘了跟班长请假了。

赶紧转身接起了电话。

小刚：喂，班长。

班长：在哪儿呢，这都几点了还不来上班？你见郭师傅了吗？

小刚：我和师傅在508线呢。

班长：我也是说这个，40年从没迟到过一次的“郭认真”，临退休怎么会破例了啊！

小刚：我也是才明白了师傅带我来的意思。

班长：噢！你不用说了，你们别走开，我一会就到。

小刚：好的，明白！

小刚挂断了电话，转身。

师傅：谁来的电话？怎么还神神秘秘的啊？

小刚：师傅，是我告诉班长说和你在一起。

师傅：哎呀！这回可是违反纪律了，光顾拉你说话了。

小刚：没事，我已经告诉班长了，麻烦师傅多给指点指点。

师傅：师傅还有好多话想和你说一说啊！说罢，师傅伸手指向远处。

小刚：师傅，怎么了？

师傅：看到这处杆塔的位置了吗？

小刚：看到了，师傅。

师傅：那里曾经发生过这样一件事情……

## 10. 508线　20年前的某天　外

像每一个巡线日一样，郭旺青和同事们在仔细检查着可能出现故障的巡视点。

同事：那边的线，还有这边的线，看见线了没有？小郭，你先沿线路巡视，我去那边看看，一会咱俩在这里会面。

同事走后，郭旺青继续巡线。走到一处杆塔下，郭旺青停下了脚步，反反复复观察了半天。

郭旺青：这个杆塔有问题……坏了！拉线被偷了！

随后郭旺青发现地上有一个还没熄灭的烟头。

郭旺青：看来人刚走不远。

郭旺青奔跑着快速“扫描”四周。两个推着自行车鬼鬼祟祟行走的人被锁定。

郭旺青：站住！郭旺青也急忙向二人的方向奔去。

小偷甲、乙听到这一声呐喊，惊觉地回头，小偷甲一慌，自行车应声倒地，车上放着的麻袋也随之掉地。

郭旺青：你们哪个单位的？

小偷乙：单位？俺们没有单位。

郭旺青：你这包里装着什么？

小偷甲：没啥东西，就是些破铜烂铁的。

郭旺青弯腰翻查麻袋。

郭旺青：这是什么？怎么是废铜烂铁？小郭指着麻袋里“赃物”。

小偷甲：哥，俺是刚偷……

郭旺青：看看，你承认是偷的了吧？

小偷乙：哥呀！他是说那玩意没啥作用，这不俺就偷偷地搞了。

郭旺青：没有它，电杆会倒塌的！

小偷甲：对呀！各有各的作用，你每天上山转悠不也是为了养家嘛？

小偷乙：就是呀！俺弄点废铜烂铁地，也是为了孩儿和他娘啊！

郭旺青：你们这是干啥？这是破坏电力生产，是犯罪。

小偷甲乙挽起袖管，准备来场“武斗”。

小偷乙：嗨嗨，你说我们干啥来？

小偷甲：我看你是想找死啊！

郭旺青拿起对讲机。

郭旺青：小虎、小虎听到请回答。

同事：小虎听到。请讲。我在离你不远处。

郭旺青：发现两名和丢失电力设施有关的人，速带几个人过来。

同事：怎么？发现小偷？明白！马上过去。

小偷乙：哥，你先顶住，我先去叫人去。说罢，拔腿就跑。

小偷甲：二小，就咱哥俩在，有屁的人啊！

郭旺青：别跑！站住！

小偷甲：哎！你喊啥来？说完这话，甲便摆起了“舞姿”。

小偷甲：俺让你见识见识，啥，叫少林功夫。

没几个回合，小偷甲败下阵来。小偷甲起身之际，从口袋里掏出了一把水果刀。

小偷甲：让你领教领教刘家刀！

说罢，刀便已经向郭旺青刺去。郭旺青一个灵闪，快速闪过了刀锋，转身一个“扫堂腿”，把小偷甲彻底放倒在地。同事们也及时赶到。小偷甲被制服了。

小偷甲：哥，也练过少林？

郭旺青神秘地笑了。

同事：他当过解放军！

大家闻言，都畅快地笑了。

（话外音）其实，年轻的小伙子当时不知道，这两个人可不是什么普通乡民，而是专门盗窃电力设施团伙的骨干成员。今儿，他们可是立了头功一件呢！

## 11. 508线　早8点　外

师傅：笑啥啊？小刚。

小刚：我笑这小子少林功夫也太那个了。哎？师傅后来怎么样了？

师傅笑笑没有说话。

小刚听了师父的“传奇”事迹，拍着郭师傅的肩膀，又愉快地笑了起来。

小刚：不好意思啊，师傅，你太厉害了啊！

刚说完这话，师徒二人一抬头便看见班长带领同事们等在不远处。

师傅：班长，你们怎么来了？

班长同师傅握手。

师傅：班长，对不起呀，今天我迟到了，违反纪律了。

班长：郭师傅，我今天本打算在班里为您开个欢送会。

师傅：谢谢班长。

班长：我懂了你今天带小刚来这里的意思，这不我把大伙都带到这里为您开一个特殊的欢送会。

大学生 A、B、C：郭师傅好！

师傅：大家好。不必这么隆重，我只是最最普通的一名巡线工，今天来这里就是想穿上这身工装，再看看曾经伴随我几十年的铁塔导线！

大学生 B 前走了两步。大学生 A、C 也向前走了两步。

师傅：感谢大家了！相信有你们这样的大学生，有你们这样的年轻人，今后的电力发展一定会越来越好。我将要退休了，没有别的礼物啊！就把这顶伴我多年的安全帽送给你们。

师傅摘下了安全帽。正了正身，郭师傅将安全帽双手递了出去，年轻人们也正了正身，郑重地接下。

那一刻的 508 线，艳阳高照。那黄澄澄的安全帽似乎汇集了世间所有的光芒，格外闪耀动人。

师傅：就让它继续与我们一同守望吧！

拓展阅读

# 青春的约定

# 青 春 的 约 定

田　亮　孙　健 | 国网晋中供电公司

## 序幕

落日低悬。

山路蜿蜒向前。

何姗姗穿着牛仔衣，背着双肩包，系着一条鲜艳的绿丝巾站在路边。

她的脸上呈现出疲惫、焦虑、烦躁的神情。

远处，一辆小轿车向她驶来，她匆忙挥手拦车。

小轿车没有停下，从她身边飞驰而过。

又一辆面包车过来，她再次招手，车还是没有停。

又一辆出租车过来，她兴奋地往路中央跑。出租车慢下来，司机从车窗探出脑袋："不好意思，有客人了。"

出租车远去，何姗姗望着它的背影气急败坏地跺了一下脚。

手机铃声响起，她掏出来接听，传来母亲关切的问询："珊珊，到学校了没有？"

何姗姗眼里渐渐流出了泪，咬了咬嘴唇："妈，你放心，已经到了。"

手机里母亲的声音："珊珊，到了就好，你再坚持几个月，下学期就可以调回城里了……”

在母亲说话的时候，何珊珊系着的绿丝巾被一阵风吹了起来，飘向半空。

何珊珊握着手机，无奈地望着飘向远处的绿丝巾。

一辆带着国家电网标识的黄色皮卡车向她驶来，缓缓地停在了她的身旁。

开车的赵亮穿着工装，摇下车窗问：“您好，是要搭车吗？”

何姗姗犹豫不决，赵亮微笑着，看到了已经飘向远处的那条绿丝巾。

赵亮从车窗下拿一张名片递给她：“您放心，我是电力职工，请记住我的工号和服务电话……”

何姗姗坐进车里。

赵亮启动汽车向前驶去。

路边农舍的墙上、崖壁上写着国家电网的宣传标语。

一片青草地上，一羊倌一边挥着鞭子放羊，一边唱起了《桃花红，杏花白》：“桃花你就红来杏花你就白，爬山越岭我寻你来……”

歌声在山间回荡，汽车顺着弯曲的山路行驶向大山深处。

### 1. 小寨小学校园内　晨　外

校园处在山凹中，地势低，三面环山。校门上挂着牌匾——小寨寄宿小学。门前是一条山路。

国旗下，七八个衣着破旧的孩子正与何姗姗一起玩丢手绢的游戏。

欢快的笑声，歌声：丢，丢，丢手绢，轻轻地丢在小朋友的后边……

正在绕圈奔跑的小胖忽然间停了下来，他看到了校门外正攀在电线杆上装路灯的赵亮。

赵亮敏捷地操作着。

蓝天白云，一群鸽子从空中掠过，悦耳的鸽叫声在云端回响。

孩子们不再玩游戏，聚拢在何姗姗身边，昂着头眺望着。

小胖：老师，那个叔叔爬那么高干什么？

何姗姗：他在装路灯。

另一个孩子妞妞：老师，不是城市才有路灯吗？

何姗姗认出了赵亮，脸上泛起浅浅的笑意：妞妞，只要有电的地方就可以装路灯。

镜头随何姗姗的目光再次上移。攀在高处的赵亮俯瞰着校园。

孩子们冲赵亮挥手。

孩子们欢呼雀跃：装路灯了，装路灯了……

赵亮望着何姗姗。何姗姗缓缓垂下头去。

赵亮的手机铃声响起——《爱如电》的音乐。

赵亮在半空中接听。

手机里传来妈妈的声音：亮亮，这个礼拜天能回家吗？你王阿姨又给你介绍了一个在银行工作的姑娘，无论如何你要回来见个面呀……

## 2. 乡供电所　夜　内

室内墙上挂着工作流程、宣传版面等。

赵亮正伏案记录着什么。

镜头定格在桌上的台历上：星期六。

穿着工装的小段敲门后走了进来：赵主任，王大爷家的故障处理完了。

赵亮抬起头来：什么原因？

小段：线路老化造成的短路。

赵亮：看来咱们还得加强用电常识的宣传。

小段点了点头，目光停留在台历上：赵主任，明天你还是回一趟家吧，这个礼拜阿姨没有催着你相亲？

赵亮：先把路灯装好再说吧。

小段扮个鬼脸：装路灯可以缓几天，可别耽误你的终生大事呀！

赵亮笑着捶了小段一拳头，神色变得郑重：早一天装好，乡亲们就会早一天受益，孩子们走夜路的时候也就安全了。

### 3. 山路上　日　外

赵亮和工友们在装路灯，几个人攀在电线杆上。

电线杆沿着山路向山外延伸……

### 4. 山路上　日　外

几辆带有国家电网标识的汽车向大山深处驶去。

汽车车体上的宣传画，崖壁上的宣传版面：你用电，我用心……

### 5. 小寨小学校门前　日　外

校门前聚集了不少乡亲，那个唱歌的羊倌，筒着手，抱着羊鞭也在其中。

孩子们戴着红领巾向远处张望。小胖的红领巾歪了，何姗姗躬身帮他整理。

几辆车停下来，王局长、赵亮的父亲老赵等人从车上下来，工作人员忙着从车内往出搬东西，包括书籍、乐器、体育器材等。

乡亲们簇拥着王局长等人往校园内走。

孩子们扬着天真的笑脸鼓掌。

赵亮搀扶着父亲，何姗姗愣了愣神，搀扶住老赵的另一条胳膊。

### 6. 校园内　日　外

教室的墙壁上挂着“实施春蕾行动，关注山区留守儿童”的横幅标语。

王局长等人坐在了标语前的一排桌子后。

王局长正在讲话：孩子们，今天我们是带着国家电网的一片爱心来看望你们的，山区的学习环境比城市艰苦，我们会一直关注你们，关心你们，不仅要照亮你们上学的路，更要照亮你们成长的路……

孩子们和乡亲们鼓掌。

王局长：孩子们，今天我还要介绍一位爷爷让你们认识一下，他就是我们小寨供电所赵亮同志的父亲，他是我们电力系统的元老，赵老给大家每人买了一本字典、一个书包……

乡亲们和孩子们又鼓掌。赵老站起来点头致意。

孩子们拿着红领巾上来给王局长、赵老等人戴。

小胖给赵亮戴，怎么也系不好，急得皱起了眉头。

何姗姗见状上前给赵亮系红领巾，二人相视而笑，赵亮不好意思地垂下头去。

乡亲们脸上都挂着笑，羊倌忽然间又唱起来：桃花来你就开来杏花来你就白，翻山越岭我寻你来……

羊倌的歌声在山间回响。

## 7. 校园内　日　外

孩子们在玩耍，何姗姗拿着手机从宿舍出来，向妞妞走去：妞妞，你妈妈给你来电话了。

妞妞接过电话，兴奋地喊：妈妈，下个星期天就是我的生日，你什么时候回来呀，你不是答应送我一只毛绒绒的玩具熊吗？

电话里传来妈妈的声音：妞妞，妈妈实在是太忙了，今年你过生日又回不去了……

妞妞哭了起来：不，妈妈，我要你回来，我要玩具熊……

何姗姗摸着妞妞的头安慰她：妞妞，妈妈不能回来，老师给你过生日。

## 8. 何姗姗宿舍　夜　内

何姗姗躺在床上，久久地望着捏在手里的赵亮的名片。

何姗姗拿起手机发短信：能帮妞妞孩子买一只毛绒绒的玩具熊吗？

短信发出去。很快响起来收到短信的提示音。

屏幕上显示短信内容：你用电，我用心……

何姗姗望着手机羞涩地笑了。

## 9. 空镜头　日　外

宽敞的柏油路、骆驼广场、文化中心前雕塑、晋中电力大厦灯火辉煌。

## 10. 百货商场　日　内

赵亮一只手抱着一只硕大的玩具熊，另一只手里拎着一个生日蛋糕，乘着向上的扶梯到另一楼层去。

赵亮来到一个卖丝巾的柜台前，指着一条绿丝巾问：请问，那条绿丝巾多少钱？

售货员把绿丝巾拿给他看：小伙子真有眼光，给对象买的吧？

赵亮不好意思地低下了头。

这时手机铃声响起来，他赶紧接听。

手机里传来小段的声音：赵主任，你在哪儿，乡里的变压器出了故障……

赵亮挂断电话，付了钱，向扶梯口跑去。

## 11. 山区变压器处　夜　外

赵亮和工友们修理变压器。

应急灯在山区的夜晚闪耀。

小段：赵主任，配件老化，今天晚上怕是修不好了！

赵亮：我们再试试看，如果有乡亲们打电话，耐心解释一下。

## 12. 何姗姗宿舍　夜　内

宿舍内一片漆黑，什么也看不清。

小胖：老师，停电的夜晚好无聊呀！

何姗姗：电是光芒，它可以照亮我们的生活。同学们现在可以体会一下，如果没有了电，我们的生活会受到多大的影响？

英英：老师，那我们就看不上动画片了！

小胖：我们就不能玩电动玩具了！

妞妞哇的一声哭了出来：今天我过生日，妈妈答应给我买一个毛绒绒的玩具熊的……

何姗姗：妞妞别哭，老师和同学们现在就给你点亮生日蜡烛！

一根火柴擦亮，照亮了何姗姗和孩子们的脸。

何姗姗将摆在桌上的一圈红蜡烛依次点亮。

烛光映照着孩子们的脸，桌上的水果。

何姗姗：妞妞，现在我们一起给你唱《生日快乐》歌好不好？

妞妞还在抽泣，委屈地：可是我想要玩具熊！

敲门声响起，小胖跑过去拉开门，赵亮一手抱着玩具熊，一手拎着蛋糕站在门口。

赵亮：妞妞，叔叔把玩具熊给你送来了！

妞妞兴奋地跑上去，抱住玩具熊跳了起来：这只玩具熊太漂亮了！

何姗姗感激地望着赵亮，眼里渐渐流出了泪。

赵亮想从怀里掏出那根丝巾，犹豫着，掏出一截后又放了回去。

### 13. 学校外景　夜　外

“祝你生日快乐”的歌声回荡在夜空。

路灯突然间亮起来，学校也变得亮堂堂的。

### 14. 市城区　日　外

街上人流涌动。

电视台女主持和一名扛着摄像机的男记者穿行在人流里。

女主持手里拿着的话筒上有“美在眼中”的字样。

女主持采访一位推着自行车的老人：大爷，我们是电视台“美在眼中”栏目组的，在您眼里什么样的人是最美的人？

大爷略作思索：环卫工人，他们起早贪黑的最辛苦了！

女主持又采访一位步行的中年女人：大姐，您觉得哪些人是最美的人？

中年女人：老师，他们是辛勤的园丁！

……

### 15. 通往小寨小学的山路上　日　外

一辆新闻采访车行驶在弯曲的山路上。

### 16. 小寨附近山顶上　日　外

赵亮和同事们攀在电线杆上检修电路。

女主持和男记者气喘吁吁地沿着山路爬上来。

男记者调试摄像机的焦距，将镜头对准电线杆上的赵亮。

## 17. 何姗姗宿舍　夜　内

电视开着，正在播放本地新闻。

窗外传来淅淅沥沥的雨声。

何姗姗躺在床上看着手机。

赵亮发给她的那条短信跳出来：你用电，我用心……

何姗姗回忆起搭赵亮车、给赵亮系红领巾、赵亮抱着玩具熊出现在宿舍门前的情景。

何姗姗的脸上流露出羞涩、幸福，同时略显烦躁的神情。

何姗姗按下几个键，想给赵亮打电话，犹豫着，把手机合上了。

何姗姗起身来到窗前，雨声渐浓。

这时，电视机里开始播放“美在眼中”栏目，女主持手持话筒，背后是连绵的山峦，山峦上一根根电线杆向远方延伸。

女主持：各位观众，今天我们“美在眼中”栏目向您介绍的是山区的电力职工，是他们用自己的心血和汗水照亮了山区百姓的生活，大家看，那位正从电线杆上下来的就是小寨供电所的赵亮主任，现在我就去采访一下他！

女主持手持话筒向赵亮走去。

何姗姗跑到电视机跟前，脸上泛起微笑。

女主持：赵师傅，爬那么高怕不怕呀？

赵亮汗流浃背，憨厚地笑着：不怕，习惯了。

女主持：和我们观众说点什么吧！

赵亮腼腆地说：这是我们电力职工应该做的。

说完，赵亮向另一根电线杆走去。

话面切换到演播室。

女主持：观众朋友，赵师傅面对镜头虽然只说了短短一句话，但我们还是强烈地感受到了他对工作的热爱，对山区群众的深情。像赵师傅这样的电力职工，正是我们栏目寻找的对象，正是老百姓眼中最美丽的人。然而，就在节目开播前我们准备和赵师傅连线互动时却得到了一个意外的消息，由于山体滑坡，赵师傅在维修电路时从电线杆上掉了下来，被同事紧急送往了医院，让我们在此祝愿赵师傅早日康复！

何姗姗呆呆地望着电视屏幕，猛地捂上了嘴。

## 18. 市城区医院　日　内

身着病号服的赵亮躺在病床上，头上和挽起裤腿的一条腿上都缠着绷带。床头柜上摆放着鲜花。

赵亮正翻看着手机，一行字在屏幕上跳动：我用电，我也用心……

门开了，一位护士走了进来：小伙子，又有人来看你了。

赵亮撑着身体坐起来。

妞妞捧着一束野花跑进来：赵叔叔——

然后是同样捧着野花的英英：赵叔叔——

然后是小胖，提着满满一篮子鸡蛋：赵叔叔，这是村里的爷爷奶奶非让我们带给你的——

赵亮微笑着，挨个儿摸着孩子们的头，又向门口望去。

何姗姗缓缓地走了进来，默默地望着他。

赵亮憨厚地笑了笑，不好意思地垂下头去，一只手在枕头下缓缓拽出了那条绿丝巾。

## 19. 城区主干道　夜　外

城市的夜灯火辉煌，一处高楼的大屏幕上正在播出中央台的《开学第一课》。朗朗读书声回响在夜空。

明亮的路灯向远处不断延伸。

车流在路灯下穿梭着。

人行道上，赵亮和何姗姗手牵着手缓缓向前。

路灯下，二人的影子紧紧地依偎在一起。

# 计量中心的那些“笑”事

# 计量中心的那些“笑”事

柏　寅｜国网山西计量中心

## 1. 中伟国际办公区　日　内

会议室正召开部门例会。

小薛拖着行李箱，风尘仆仆地穿过走廊。

同事：小薛，好几天没见你了，又去哪出差了？

小薛：嗨，这不刚从朔州出差回来，家还没回呢，先来汇报工作。

同事：你们部门都是大忙人啊，确实辛苦。我看见你们部门正开例会呢！估计就等你的报告了！快点吧。

小薛：可不是嘛！我得赶紧过去了啊！

（挥手离开）

## 2. 会议室　日　内

小薛走进会议室。

主任：辛苦了啊，小薛。快把你的风电场关口表检测报告拿出来，给大家念一念，就等你的数据汇总了！

小薛：好的！

这次由我带队先后对小五台、老千山、牛心堡、高家堡、铁山堡等

5个风电场6个关口计量点12块电能表开展关口表校验、采集器维护和关口履历信息核对等工作；并对小五台进行了二次压降测试，取得了150张左右的数据图片……

大家认真记录。

（半小时后）

小薛：近年来，随着风电场的不断扩建，发电负荷急剧增加，但计量装置却没有进行相应调整，因此造成了在满负荷运行时，将会发生接近或超出计量装置满量程的隐患。我们及时与风电场进行沟通，督促问题及时整改。

主任：小薛的检测报告很全面啊，工作也比较细致，基本的要点都涵盖了。但是好像好像少了点什么内容啊？

小郝：对，我也觉得少了！

大家附和。

小薛：够全的了，没有少啊！

（皱眉头，用手挠头，思考状）

主任：这个可以有！——

小薛：这个真没有！——

（主任微笑，手指门口）

主任：你看你少拿的东西！

（音乐声响起：happy birthday to you，小车推进来鲜花蛋糕和小礼物，大家齐唱。）

小薛愣住了。

主任：咱们省计量中心为了体现对每位职工的关怀和爱护，开展关爱员工“送温暖”活动，在生日当天为员工发放鲜花和生日小礼物，你呀，幸运地成了吃螃蟹的第一人了！祝贺你啊！

小薛心潮澎湃，激动不已。

主任和蔼可亲地问：小薛，你的生日是哪一年啊？

小薛没反应过来：每年啊！

主任愕然愣住。

## 3. 现场检验部办公室　日　内

小薛坐立不安，垂头丧气。

小白：哥，咋的啦。咽喉炎还是痔疮犯了？

小薛：（随口）我痔疮——去去，有点正经的。

探头缩脑，看看四下无人。

小薛：出事了，出大事了。这阶段单位出差多，你嫂子有情绪，和我拌了几句嘴，撂挑子回高老庄了，我可抓瞎了。

小白：你不是说家里大事你做主吗？

小薛：嗨，家里的事儿不都是小事吗？不属于我的管辖范围！快给我出个主意。

两人交头接耳。

小薛：好的，我明白了。你一定离我三百米，随时支援。

用眼泪，征服她！

## 4. 学府公园　日　外

双休日，学府公园，划船售票处前的小路。

佳：（故作生气）你不是说萌萌想我想得生病了吗？这不活蹦乱跳的吗？

小薛蹦蹦跳跳，猥琐地笑，手拿一朵小花。

萌：爸爸让我生病，我就不生病！

夫妻二人，先远后近，最后拉手，买票划船。

船上其乐融融。

萌：我要听歌。

佳：看我的。（掏出手机豪迈状）

（手机音乐响起：

多少人走着却困在原地

多少人活着却如同死去

多少人爱着却好似分离

多少人笑着却满含泪滴

谁知道我们该去向何处

谁明白生命已变为何物）

小薛摇头：不好，太沉重。看我的。（掏出手机兰花指）

（手机音乐响起：

Once more you open the door

And you're here in my heart

And my heart will go on and on）

佳：（打人状）不好，你想把我们娘儿俩沉到湖里去啊！

萌：看我的。（掏出小手机）

（手机音乐响起：

让我们荡起双桨

小船儿推开波浪

海面倒映着美丽的白塔

四周环绕着绿树红墙

小船儿轻轻

飘荡在水中

迎面吹来了凉爽的风）

（三人都陶醉了）

回去的路上，公园草坪遇见小白。

小白：萌萌，过来。划船时，爸爸妈妈吵嘴了吗？

萌：爸爸妈妈没有吵嘴，他们亲嘴了！

萌萌抱住小白，伸嘴亲。小白呆住，后倒向草坪。

拓展阅读

# 七千金

# 七　千　金

芦　笛　张志清 | 国网山西管培中心

## 1. 医院　内　日

旁白：上次来是一年前，这里几乎没有什么变化，只是多了这盆仙人球，在这单调乏味的空间里，展示着它的强韧的生命力，每天都有新的生命从这里开始，当然，不是每个家都这么幸运。

王语琪静静地坐在椅子上等待检查报告。

李家祥：付大夫，怎么样？

付大夫：家祥，恭喜你了，你要做爸爸了！

李家祥：（兴奋地）真的吗？付大夫。

付大夫：是啊！

王语琪：噢。（没有表情，低头看着报告）

李家祥：太好了！

付大夫：琪琪，你要做妈妈了。

李家祥：（看了看王语琪对医生）付大夫，感谢感谢，太感谢了！

付大夫：不客气，快看，这是你们的小宝贝，他发育很正常，就和个小豆芽一样。

李家祥：谢谢您了，付大夫，太感谢您了！

付大夫：家祥，一个月以后带琪琪来复查，琪琪你这次要注意了，一定要多卧床休息保胎，尤其是头三个月内，不要干重活累活，睡眠一定要充足，尽量避免到公共场所去。

李家祥：付大夫，这三个月所有的重活累活，我都包了，我干，我不让她干，让她好好休息。

付大夫：好了，我也不多说了，你们两个应该也都懂了。

李家祥：知道，付大夫，谢谢您，那我们走了。

付大夫：不客气，家祥，等一下，交代你个事。

李家祥：琪琪，你在门口等我一会。

付大夫：（走之前，医生刻意拍了拍李家祥的肩膀）家祥，这次可要注意了，这次可不能掉以轻心，如果再流的话，下一次能不能怀上，那就不一定了。

李家祥：付大夫，这次我一定注意，谢谢您了，谢谢，谢谢，感谢感谢！

付大夫：有事打电话。

## 2. 北田基地　日　内 / 外

旁白：我叫王语琪，是国网山西管培中心的一名会计师，两个月前，省公司建立反腐倡廉教育基地，从几百名员工中竞选出 6 名，组成连接文化宣讲团，我有幸被选中了，集训 4 个月，在距离太原几十公里的北田基地，万万没想到，就在这个时候我怀孕了，小七的故事也就从这里开始了。

李家祥从医院出来，驱车把王语琪送到十几公里外的北田基地，车内家祥体贴入微，时不时观察着怀孕的妻子，而王语琪略显沉默地看着车窗外，若有所思。

李家祥：注意身体，我走了，拜拜！

集体的朗诵声：干事立功，做电网先锋，干净立德，树时代楷模。

北田基地教室，其余五人正在上课。

教练：停停停，停一下，现在我还要强调一下，我们都不是专业的讲解员和播音员，但是我们一定要有自信。高娟，不要老低着头，要抬头、挺胸，要目视前方，现在大家看着我的眼睛，用自信告诉我。

高娟：老师，我还是不敢看您。

教练：为什么？

高娟：我本来记得挺熟，一看你，我啥都忘了。（众笑）

教练：这个呀，也没有更好的办法，只有大家下去多练，以后呢有更多的人看你们，几十个，上百个，就看你一个，你还不得把自己也给忘了？

窗外王语琪偷看着教室内发生的一切，也笑了。手机响起！王语琪快速走到旁边接起电话。

婆婆似乎刚刚得到消息，打来了电话。

家祥妈：喂，琪琪？

王语琪：喂，妈，你找我有什么事？

家祥妈：妈听家祥说，你又有了。

王语琪：是，我们上午一起去了趟医院，检查说有四十多天了。

家祥妈：哎呀，菩萨保佑，菩萨保佑我家琪琪。

王语琪：小孩一切都健康，非常好，妈，你就放心吧！

家祥妈：你可要早点回来，你这次回来一定要好好养着，你说你单位这么远，你就别忙了，有什么大不了的，咱家不还有一个男人在吗！

王语琪：（面色凝重）妈，我在上课呢，我晚上回去跟您说吧。

家祥妈：妈不说了，不说了，妈不耽误你了，妈在家等你，晚上叫家祥去接你。

王语琪：好，妈，那我先挂了。

### 3. 家中　夜　内

回到家中，婆婆已经做好饭。橙黄的灯光，打在原本丰盛的晚餐上，让人食欲大开。

公公在阳台喂着他的爱鸟。厨房：婆婆招呼家祥过来帮忙端炖骨，婆婆一边舀汤一边看着家祥小声“交待”。

家祥妈：儿子，儿子。

李家祥：妈，怎么了？

家祥妈：妈跟你说啊，等会，你要跟她好好说，这可不是小事，要坚决卧床保胎。

李家祥：好，妈，我先上，如果我说服不了，你第二梯队准备。

家祥妈：好，没问题，快去。

说完，婆婆坐到客厅拿出搜罗的一堆“保胎安胎经”书，戴上老花镜，借着灯光仔细研究起来。饭桌上的王语琪隔着玄关回头看了一眼，家祥也跟着看了一眼，不停挑菜夹给王语琪。

李家祥：来来来，妈给你加了道菜，怎么样，妈做了一下午。

王语琪：嗯，好吃。

李家祥：来，吃块小的，我问你个事，你们这培训还要多长时间。

王语琪（边吃边说）：还得一个多月吧。

李家祥（讨好着夹着骨头）：还要一个多月？

王语琪：（沉默、吃着排骨）

李家祥：我跟妈商量了一下，你能不能先请假在家保胎？

王语琪（看了看旁边的婆婆小声说）：这次培训对我很重要的，你又不是不知道。

婆婆手拿老花镜，手指摁着文字一排排跟着念：第八忌，久站。

李家祥：哎呀，咱们这不是特殊情况吗？

王语琪：我知道。

李家祥：医生讲的事，你都忘了，她说像你这种情况，必须卧床休息。

王语琪：卧床？没这么夸张吧。

李家祥：琪琪，我就跟你说句实话吧，我今天一整天什么事也没做，就担心你，你说再像去年那样，怎么办啊？

王语琪：家祥，去年那也是特殊原因，今年我会小心的，你就放松一下你的小神经吧。

李家祥：妈。

家祥妈一直在旁边听着小两口说话，此时坐不住了，来到桌边：琪琪呀，妈和你说呀，你这目前保胎呀，是咱家最重要的一件事，从明天开始你就安心在床上躺着，妈呀，变着花样给你做好吃的，我已经求过菩萨了，这次一定是个大胖小子。

家祥爸听着老伴说话，也从阳台走了出来：老伴，你就不用说了，你就别跟着添乱了，还大胖小子，想孙子想疯了吧。

家祥妈：真的，我找人算过了，这次一定是个大胖小子。

李家祥：妈，您又跑哪去了。

家祥妈：我这不是高兴嘛，（转身对琪琪）琪琪，这工作再重要也比不上我孙子，这才是咱家最重要的事。

王语琪：（为难、焦急）妈，我也知道现在情况，我也很为难，当初培训基地刚刚建成，中心从几百名员工里面选了我们六个，而且领导还说我专业底子好，只要肯努力，一定能和那专业的讲的一样，您说我现在说走就走，您觉得合适吗？

李家祥：我觉得你跟中心反映下情况，领导都会理解，谁都有家，谁都有孩子，再说也不缺你一个，好歹那么大的国家单位。

家祥爸：家祥，话不能这么说。

李家祥：爸，她就是死心眼，每天跟自己过不去。

家祥爸：其实我觉得，琪琪说的很对，既然机会难得，学校又委以重任，付出一点辛劳是应该的，也没你们说的那么严重，过去，怀孕的女同志，不都挺着大肚子一直到生产吗，时代在变，社会在变，但人的奋斗精神不能变。家祥，从明天开始，下班早点回家，路上给琪琪买点好吃的，在家多陪陪她。

李家祥面生不悦。

王语琪眼中含着泪水。

家祥妈：那万一有个好歹呢？

家祥爸：你就不要跟着添乱了，这个事呢，让琪琪自己做主。

## 4. 北田基地　日　内

教练：今天呢，我们整体练习的效果不错，但是还有两个小问题，一个是我们的内容熟悉程度还不够，第二个就是我们的展位和手势还不太到位，王语琪今天表现得非常好，接下来呢，大家可以跟她多交流交流，明天上午八点钟，我们还要在这里一起集中练习，解散。

众人：再见，老师！

大家各自收拾东西走出教室。王语琪手扶着腰前行，张艳跟了上来。

张艳：（亲昵地）丫头，等一下，什么情况，不是又有好消息了吧。

王语琪：看把你机灵的，有四十多天了吧。

张艳：（高兴地）真的，我帮你拿包，那我得赶快发朋友圈，惊一惊咱们的小伙伴呀。

王语琪：你这是要激起六个赞啊，我还不想让大家都知道呢。

张艳：傻丫头，这有什么呀！

语琪：这倒也没什么，艳姐，问你个事，你说这怀孕流过产，再怀上是不是还容易流呀？

张艳：那不一定，难道你？

王语琪：（伤心）上次怀孕时，我爸不在了，给他老人家办完后事，孩子也没了。

张艳：（安慰着）丫头，你就别难过了，事情都已经过去了，你看现在有我们陪着你一起学习，一起培训，一起练习，多充实多开心啊，还有这个小宝贝，一起陪着你，你说这孩子将来嘴皮子得有多溜啊，让我这个当干妈的情何以堪。

王语琪：那是，谁让我这个当妈的这么有专业范呢。

张艳：是是是，你应该到电视台做节目主持人。

王语琪：你别说，艳姐，我小时候还真有当主持人的梦呢。你说学校给了我们这么好的平台，让我当讲解员，还能追着小时候的梦，你说我这是该有多幸运呀！哎！

张艳：怎么了？

王语琪：我家都乱成一锅粥了，家祥和婆婆都着急让我回家保胎呢。

张艳：那你先回去养一段吧。

王语琪：我听书记说，下周有三百多人要参观我们廉政基地呢。

张艳：这样算下来的话，咱们六个人的任务都十分艰巨。

王语琪：是啊，中心领导对这次讲解任务也十分重视，你说这能回去吗？

张艳：让我想想，一定会有更好的办法。

### 5. 北田基地宿舍　日　内

宿舍内的家祥正拿着书包收拾王语琪的日常用品，王语琪高兴跑进门，看到一切有些茫然。

王语琪：家祥！

李家祥：琪琪，你回来了，你等我一下，我这边收拾一下马上就好。

王语琪：你干嘛呢？

李家祥：你们书记真是好人，她特别理解这件事，她还说要批评你呢，她让我现在就带你回去。

王语琪：家祥，你去找我们领导了？

李家祥：是啊！

王语琪：谁让你去的？

李家祥：琪琪，你就听我一回吧。

王语琪：你就不能和我商量一下。

李家祥：跟我回去吧，过了这三个月怎么都行，好不好？

王语琪：其实你根本就不了解我，更别说理解我了。

李家祥：这不是理解不理解的事，我这是对你和肚子里的孩子负责任，你就不能理解理解我吗？

王语琪：我自己的事情，我自己做决定，爸不是说了吗，让我自己拿主意。

李家祥：你怎么那么死心眼呢，跟我走。

王语琪：我不回。（二人拉扯，家祥缓和）

李家祥：走吧。

王语琪：我不回。

李家祥：跟我回去，你是不是不打算要这孩子了，你自己想好啊。

王语琪痛苦得流下了眼泪……外面的姐妹赶快进入宿舍……

### 6. 北田基地办公室　傍晚　内

王语琪坐在沙发上，手里端着水杯，张书记在房间来回踱步。

书记：这不是你一个人的事情，这关乎到一个小生命，一个家庭，真的不能当儿戏。

王语琪：书记，我可没有当儿戏，我也知道孩子重要，您放心，我一定能一边工作一边照顾好自己的。

书记：我可不敢相信你，我答应家祥了，先让你回去，万一有个闪失，我怎么向你家人交代呢？

王语琪：我不回去，书记，您也知道，马上就要有培训任务了，我专业是最好的，而且都培训那么久了，我们天天早上还练着吐字发音呢，都还念着八百标兵奔北坡呢，您说在这紧要关头让我当逃兵，我不干。

书记：你这孩子怎么这么犟呢。

王语琪：书记，您不知道吧，我还经常被我的小伙伴嫌弃太二了呢。

书记：我看你呀还真是有点二，这时候还开玩笑呢，真有你的，我也做不了主，我们开会研究研究，再说，好吗？

王语琪：书记，您放心，我一定会工作孩子两手抓，两手都要硬的。

书记：你这讲解词啊，走哪说到哪啊，你先回去吧，我安排冯师傅给你加个餐，补充补充营养。

## 7. 北田培训基地宿舍大院　夜　外

王语琪正在收着搭在外面的衣服，厨房的大厨冯师傅走来。

冯师傅：琪琪，开饭了！

王语琪：哦，来了，冯师傅，您怎么来了？

冯师傅：快坐，吃饭吧，尝尝咸淡，这几样菜都是你喜欢吃的，（一样样摆出来）有荤有素很有营养的，哦忘了，不好意思。

王语琪拿起筷子，吃了一口，眼睛有些湿润：冯师傅，您做的跟我爸爸做的一样好吃。

冯师傅：好，那你多吃一点，哎，琪琪，你怎么哭了，想爸爸了吧，别伤心啦，哎，真是个犟孩子，你的事在学校都传开了，有些人不理解，说你逞强，想要功劳，我理解你，一个人一辈子想认认真真做一件事不容易，放心吧，我照顾你，一定让你吃好，比在家吃得还好，我刚才看见张艳带着你的小伙伴去找张书记了，他们一会就过来。

王语琪抹着眼泪。

冯师傅：傻孩子，别哭，哭对胎儿最不好了。

王语琪默默地吃着。

张书记、李家祥、众学生走来。

众人：冯师傅，你好，冯师傅。

书记：琪琪，我把家祥给叫来了，还有你的小姐妹，冯师傅，还有你的辅导员，我们研究决定成立保胎爱心小组，我任组长，大家齐心协力，保证琪琪的工作、起居、生活一切顺利，直到宝宝安全降生，家祥，放心了吧。

李家祥：放心，放心。

书记：谢谢你的支持和理解！

众人开心，王语琪幸福依偎在家祥身边。

旁白：从那天开始，我的生活完全成了另外一个样子，被无数的爱包围着、簇拥着、感动着，我成了北田培训基地的一道亮丽的风景，在此期间，我们圆满完成反腐倡廉教育培训四十余期，一千五百三十余人次的讲解任务，直到有一天，她出生了，大家都叫她北田七千金。

众人围在孩子旁边，吵闹着。“我是她干妈”“叫妈呀”“哪有刚出生的孩子就会说话的？”

拓展阅读

# 槐香五月

# 槐 香 五 月

田 亮 孙 健 宋凯宏 | 国网晋中供电公司

## 1. 乡间 日 外

乡间起伏的山峦。槐花盛开。公路蜿蜒，随着一辆车的移动，迅速后退着。

车内，一群穿着“志愿者”红马甲的年轻人。

旁白：讲堂小学，一个我从未来过的地方，这里山花烂漫，天空碧蓝，却因贫穷让这风景显得突兀起来，一路颠簸至此，只希望能给孩子们一段温暖的时光。

车渐行渐远，电力线路也在延伸着。

## 2. 学校操场 日 外

志愿车停在学校外。郭丽莉随着同事走下车，一边仔细整理着志愿服，一边看向学校的校牌。郭丽莉充满自信地对自己笑了一下，和同事开始整理车上的捐赠物品，然后抱起一摞书包，跟在同事后面走进学校。

操场上，一群孩子跟着体育老师在练习队列。老师喊着口令：向左转！今天国网榆社供电公司的叔叔阿姨来看大家，大家高兴吗？

孩子们跳着说：高兴！

孩子们跑向志愿者，志愿者和同学们一起玩。

郭丽莉旁白：这是我第一次参加志愿者活动，听同事们说这个志愿帮扶活动，已经进行了八个年头。八年里，我们从简单的物质帮助，到慢慢地走进孩子们的内心与他们一同成长，为这个偏远的小山村带来浓浓的春意。

郭丽莉为孩子们发放慰问品。

### 3. 操场一角　日　外

操场的一角，小宝一个人在玩着土。郭丽莉一歪头，看到外面的小宝，笑笑站起走向小宝：小朋友，这个给你。

小宝仿佛一惊，看了看郭丽莉手里的面包和棒棒糖，手伸向了棒棒糖，可就在快要拿到时，停了下来，犹豫一下，还是拿起了面包，怯怯的跑向了宿舍方向。

### 4. 宿舍　日　内

郭丽莉站起身，也向着宿舍走去。

小宝推开门，走进了宿舍，宿舍里没人。

小宝走到自己的床位前，小心地将书包放在床上，拿起小面包，摸着上面的图案。然后就从被子底下拿出一个小布包，布包鼓鼓的。小宝打开小布包，里面整齐地包着几袋牛奶。小宝的手小心地、慢慢地，在几袋牛奶上划过，看了看一边的小面包，拿起，很想吃的样子，可是就那样默默的攥了一会，还是毅然放在了牛奶上，快速地包好，放回到被子底下。

旁白：意外的结识纯属偶然，但透过他的眼光，我居然看不到属于他这个年龄段的天真活泼。出于好奇，我们来到了小宝的家中。

### 5. 小宝家　傍晚　内

志愿者们提着米面油等慰问品抬进小宝家。发黑的墙上挂着两张奖状。

小宝父亲拄着拐杖，慌乱地找着烟、倒着水、让着座。

郭丽莉看到，最后进屋的小宝将新书包小心地放在了炕沿边，拉开拉链，掏出一半那个小布包，像想起什么，看了看人群中忙碌的父亲，看了看志愿者们，又放了回去，拉好拉链，又将新书包往里推了推，悄悄地走了出去。

人群里，小宝父亲介绍着家庭情况：小宝命苦，是我 9 年前在放牛时候捡回来的。村里的土地也少，都是一片山，就靠着 3 亩薄田勉强度日。去年，又不小心，把腿弄得不能动了，哎……

老师接过话茬：大山里的孩子大部分都是这么个情况，年轻力壮的出去打工了，就剩下老人和孩子。这种家庭的孩子，性格往往比较孤僻……

### 6. 小宝家院子外　傍晚

透过发黑的门帘，郭丽莉看了看屋外的小宝。

郭丽莉走出屋子，远远看着小宝。

郭丽莉旁白：看着眼前的小宝，我心里有种说不出的滋味，在这片大山之中，他就像一颗无名的小草，坚强、孤独。

### 7. 车上　晚　外

天黑了下来，郭丽莉上车，车灯远远打开，没有亮着的路灯在车灯的光影里，孤零零地站着。

一志愿者问：这么黑，路灯怎么不亮啊？

学校老师：没坏，村里为了省电就开个把小时。

郭丽莉转向车窗外，心情沉重、若有所思。

**8. 公司　夜　内**

窗外，雨稀稀拉拉的下着。

郭丽莉在公司加班，手机突然响了。

郭丽莉接电话：喂，什么？好……好……好。

郭丽莉看着外面的大雨，穿好雨衣，鼓起勇气冲进了夜幕。

**9. 山路　雨夜　外**

郭丽莉和志愿者们驾驶着抢修车驶在山路上。

车内，大家焦急的表情。

**10. 小宝家　雨夜　外**

雨中，小宝家房顶露雨，又没有电，小宝很怕。

小宝家里点着蜡烛，小宝在认真做着作业。

**11. 小宝家院子　雨夜　外**

大雨中，抢修队员在冒雨抢修。

**12. 小宝家　雨夜　内**

郭丽莉冲进小宝家。有电了，灯亮了，小宝笑了。

**13. 学校　日　外**

志愿者们和孩子们一起玩老鹰捉小鸡，小宝在最后当小鸡，依然怯怯的样子。

## 14. 教室　日　外

郭丽莉正在给孩子们讲解用电常识，并与学生进行互动。

郭丽莉看向同学中的小宝，小宝坐得端正，迎向郭丽莉的目光依然有些怯怯的，但多了一些羞涩。

郭丽莉旁白：灯亮了，小宝笑了，我们为这个山村送来了光明，为孩子送来了温暖，在这大山深处我们要做的还有很多。

## 15. 教室　日　外

孩子们有的在课桌上写着心愿卡，有的写好贴在了黑板上，衣服整洁、干干净净的小宝认真写好，也贴了上去。郭丽莉特意去看了一下。

## 16. 办公室　日　内

咚咚咚，响起敲门声。

曹书记：请进！（在倒水，同时也为郭丽莉倒了一杯）

郭丽莉：书记您忙么？嗯……我有个不情之请。郭丽莉有些拘谨，不知自己的想法合不合适。

书记：小郭，说来听听。

郭丽莉：今天我们在做暖春活动的时候，进行了家访，没想到山村孩子生活还那么艰苦……

书记：嗯，你有什么想法？

郭丽莉：我在报纸上看到有光伏扶贫，他们那能不能先弄个试点啊？

书记：这个也是咱们公司今年推广的重点项目，随后咱们研究一下再定。

旁白：我的提议很快得到领导的认可，没过多久，我们又一次回到了这个小小的山村。

## 17. 小宝家　日　外

宁静的小村被车辆轰轰轰的声音打破。

一辆印有国家电网标识的黄色电力工程车拉着光伏太阳能板、路灯开到了小宝家。

小宝父亲满是诧异，看着这些个玩意“傻”站在原地。

郭丽莉对着小宝父亲说：大爷，您别慌，我们这次来是帮您来啦，这是光伏太阳能板，有了这咱以后就不用愁电不稳了，而且用电不用花钱了。

老人听着简直有点不敢相信：还能不花钱哩？

郭丽莉：对啊！您只管用！

说着，队员们将电磁灶、电饭煲等抬了进来。

旁白：这个小山村，因为我们的到来，突然间热闹了起来，光伏扶贫得到了认可，也扎进了百姓的心中，这是圆小宝的梦，也是圆乡亲的梦，身为国家电网人，我们倍感自豪。

穿着工装的电力工人，也开始了工作，搬下设备安装太阳能、为村里更换太阳能路灯。

队员们擦着汗，汗水浸湿了衣裳。

## 18. 学校　外　日

同学们在操场上拍着篮球，站在一旁的小宝也被邀请进来，抢着，闹着，哈哈嬉笑着。

屋里，队员们给孩子们包饺子，热腾腾的饺子出锅，一群孩子围了上来。

旁白：后来的后来，我们的活动居然引起电视台的关注，更多的社会力量开始加入到我们的行列中，关注这里的山区儿童。

**19. 学校　日　外**

社会各界人士给孩子们送来各种慰问品，大小不一的箱子上写着不同行业不同单位的名称。

小宝和受资助的孩子挺着胸，为志愿者们敬礼。

调皮的小宝跟着志愿者们在跳舞。大家脸上的笑溢于言表。

**20. 学校　夜　外**

操场中央，志愿者与一群孩子围着篝火嬉闹。志愿者与同学们互动。

学校老师：供电公司的叔叔阿姨第十年走进咱们的校园，今天他们要为大家度过一个特殊的儿童节，大家鼓掌欢迎。

这时小宝走向前，唱起了《虫儿飞》……

旁白：槐香五月，是孩子们快乐的季节，槐花飘香时，暖春便如期而至，十年，我们陪伴孩子们成长，给他们带来了温暖，树立了信心，实现了梦想，让我们汇聚更多的力量，为山区的留守儿童编织美好的未来，让我们行动起来，把爱留下。

**21. 路灯下　夜　外**

在路灯下，郭丽莉与小宝慢悠悠地走着。

小宝看着亮堂堂的路灯：姐姐，换了太阳能路灯，灯就能一直亮着么？

郭丽莉：是啊。

小宝：真好，那我们就不用再怕天黑了。

郭丽莉点小宝的鼻子，你真聪明。

小宝：姐姐，那电是什么啊？

郭丽莉想了一下，说：嗯……电啊，就是一根线，一头牵着你们，一头牵着我们啊。

拓展阅读

# 丹丹的日记

# 丹 丹 的 日 记

杨 萌 李东亮 闫永芳 | 国网临汾供电公司

### 1. 张丹家中 日 内

天色渐渐变亮，张丹早晨起床，收拾家务。

### 2. 张丹家院子 日 外

张丹在院内帮助妈妈喂猪，干完后顾不上吃饭赶去上班。

丹丹妈：丹丹吃了饭再走……

张丹：不了妈，我路上吃就行，我先走了。

丹丹妈：路上慢点。

### 3. 上班途中 日 外

张丹骑着自行车穿过村庄、田野进城去单位上班。

### 4. 包子店门口 日 外

张丹在包子店买包子。

张丹：快，刘大妈，给我拿俩包子。

刘大妈：丹丹怎么又不在家吃饭了？这么着急啊！

张丹：这不快到月底了，事多，得去早点，给您钱。

刘大妈：对了，丹丹，我这年龄大了记性不好，电费又忘交了，你帮我交上吧。

张丹：没事，交给我吧，我去了就帮您先交上，那我先走了。

刘大妈：钱钱，哎，钱也没给你找呢，这丫头。

## 5. 供电营业厅　夜　内

张丹正在操作电脑，核对电费数据。

丹丹同事：丹丹，还没忙完呀！

丹丹：我再等一会，你们先回吧，完了我锁门。

面对电脑屏幕，张丹看着刘大妈家的电费，心想：怎么电费高出这么多？不应该啊！

## 6. 张丹家中　夜　内

张丹写日记：今天是 2016 年 3 月 26 日，早上去刘大妈那买包子，她又忘记交电费了，帮她代交了本月电费，但奇怪的是最近她家的电费比上半年高了不少，刘大妈家庭情况不太好，平时连一毛钱都细抠的人，不应该是这样！这是为什么啊？

## 7. 包子店前厅　日　内

张丹找到检修工李师傅，一起去刘大妈家检查线路。

丹丹：哎，大娘小心。您的手上还有水，这样很容易触电的，来，我帮你弄吧。

刘大妈：没事，没事，一个人忙习惯了，也没见出啥事。丹丹今天这么早就下班了？你们吃几个包子，我给你们拿。

丹丹：大妈不用忙，给，这是您的缴费明细单。

刘大妈：哎呀，你看我这脑子，这事给忘了，我给你拿钱。

丹丹：不急，你误会了，我可不是专程来向您要钱的。

刘大妈一看电费单：这么多啊？丹丹啊，你们要是抄错表，这电费我可不交！

丹丹：大妈，那天给您缴完电费就觉得不太对劲，以前也帮您代缴过，我也知道您平时也没有啥大功率的电器，所以我今天就带了李师傅给您检查一下。

刘大妈：我这平时也没咋用电呀，最近这电费钱咋越来越高啊，不会是有人偷我的电吧？

李师傅：丹丹，那我先去看看，你和大妈聊会。

丹丹：好嘞，大妈来我帮您择菜吧。

刘大妈：哎呀，不用，不用。

## 8. 包子店内厅　日　内

李师傅给大妈检查线路，过了一会，李师傅说：丹丹，你出来一下，大妈家的电表我都检查过了，没有什么外接电源，你看大妈家的线路都是明线，线路老化，损耗肯定大。

丹丹：那你的意思是这线得换呀！

李师傅：对，可是，要不你劝劝大妈，花上二三百块钱换了得了。

丹丹：李师傅，你是不知道，刘大妈条件并不好，她没有儿女，老伴儿还三天两头的去医院，我了解她，她肯定舍不得换线啊。再说她整天一个人住在这儿，这线路老化有安全隐患，让人不放心，要不这样吧，这钱我出。

李师傅：你出？算了，咱俩一起出吧。你看天还早，这还有时间，我去买线去。

丹丹：行，那谢谢您了，李师傅。对了，李师傅，别忘了捎一个节能灯。

## 9. 张丹家中　夜　内

张丹在台灯前写日记：今天是 2016 年 4 月 2 日，刘大妈的用电问题解决了，虽然爸爸说我这样做是狗拿耗子，但是看着刘大妈那激动的泪花，和对我的认可，我的心是暖的。

我想，以后可以用“掌上电力”收费，为大妈这样的客户定期上门服务，举手之劳便可解决老人这个特殊群体缴费不方便的问题。有时候，一个细节可能会决定我们的成败，一件小事也能大大影响到我们的整体形象。我觉得，只有在工作中做好自身的细节，这样才会变成一个让人喜欢的人。

拓展阅读

# 梦圆朝阳

# 梦　圆　朝　阳

田　亮　焦仙宏　孙　健　高　红｜国网晋中供电公司

## 1．寿阳　日　外

太行山西麓的寿阳县，寿水河穿境而过。

松塔水库风光旖旎。

鹿泉山老寿星高大的塑像慈祥可爱。

朝阳阁在蓝天的映衬下巍峨挺拔。

一辆疾驰的黄色电力工程车停在路旁的电力杆塔下，供电员工下车后准备工器具开始工作。

蔚蓝的天空鸟儿结对飞翔盘旋，路旁不时有装满茴子白的车辆疾驰。

## 2．山村　日　外

大山深处，寂寥的村庄，仅有两户人家还在坚守着老旧的房屋。

半山腰，拉着电杆的小四轮拖拉机“突突突”的声音打破了山村的宁静。大雨刚过，山路崎岖，拖拉机艰难地行驶着。

在进村拐弯处，由于电杆长转不过弯来，郝海珍满头大汗，指挥着车辆，在众人的推动下，拖拉机总算拐过了弯，不料在爬坡过程中，前轮陷入泥坑中，无法上坡。

郝海珍紧走一步，肩扛手推，拖拉机无动于衷。

有工人开始打退堂鼓——

工人甲一屁股坐在车轱辘上，瞅瞅山上的村庄：这儿就两三户人家，改天再来吧！

工人乙：是啊，郝师傅，要不咱换个大点的拉杆车。

刺眼的太阳光照在郝海珍疲惫的脸上，他擦了擦额头的汗水，拿起身边的皮带，套在电杆上，穿过一根木棍，对身边的人说：村里的百姓可都瞧着咱哩，来，搭把手，咱抬上去。

所有人上场，将电杆抬了上去。

送电之后，两个工人揉着酸麻的肩膀靠在拖拉机上说：这家伙不行，太误事了！

工人乙：是呀，人抬电杆感觉快和原始社会一样了。

郝海珍听着他们的谈话看着电杆陷入了沉思。

### 3．郝海珍家　夜　内

墙上的钟表已经指到凌晨 12 点半。郝海珍仍在家中翻看着图书，又在图纸上反复画着。

女儿捧着一大摞书本，路过郝海珍房间门口，很不高兴：爸，人家高考复习，你说你还叫我休息呢。哼，都零点多了，你还在捣鼓啥？

郝海珍坐在写字台前思考，倏然烦躁地扔下笔。笔碰到了写字台上一张郝海珍与师傅的合影照，他有所顿悟地走到书柜前，书柜里摆放着照相机、各种镜头、摄影教材，还有一叠一叠陈旧的笔记本，他抽出其中一本，翻开一页：1980 年 8 月 16 日……恍惚间他回到了以前和师傅相处时的场景——

（闪回）

## 4．检修现场　日　外

年轻的郝海珍恼怒地拧螺丝。细心的师傅看出了他的心思，走过来：海珍，咱线路工的工作没甚技术含量，就是脚扣改锥，架线送电，但是不论干什么，咱只要认准就要坚持下去。

（现实）

郝海珍像从梦中惊醒。他耐着性子，放好日记本，捡起笔，继续在图纸上写写画画。

## 5．车间　日　内

郝海珍从改装的车上跳下，将绘画的自动装载机的图纸展开……

女儿高兴地跑了过来：老爸，给你个惊喜！

女儿满脸愉悦地递过浙江大学的录取通知书。郝海珍一手持图纸，一手抚摸着女儿的头，与女儿对笑起来。

## 6．农网改造施工现场　日　外

农网改造现场，电力工人正开着郝海珍研制的车辆在装电杆。载着电杆的车辆行驶在山间道路上，转弯，卸载行动自如。

工人甲：郝师傅，你这发明可帮了我们大忙了，又省力又快。

工人乙：可不是么，咱的工程进度又能往前赶赶喽！

说笑完后，工人们又开始架线、安装变压器。

## 7．勘察线路途中　日　外

远山近岭，郁郁葱葱。林间小鸟飞旋，婉转啼鸣。

郝海珍和工人们在勘察线路，身旁不时有户外骑行者一闪而过。

在一基电杆紧邻的灌木丛中，郝海珍意外发现一处鸟窝，里面有几只嗷嗷待哺的幼鸟，不远处，一只不知名的大鸟正在徘徊。

郝海珍压低声音对同行的人“嘘”了一声，随后悄悄地离开了现场。

## 8．路上　日　外

路上，郝海珍欣喜地打着电话：老李，今天又发现一种没见过的鸟，咋样，约不约？好，我等你！

说完，郝海珍摸索出柜子里的摄影器材，装到包里。看着书桌上，摊开的一页鸟类书籍，满眼期待！

## 9．野外　晨　外

郝海珍和同伴下车。郝海珍扛着长焦相机来到灌木丛中，与同伴各自找好相邻拍摄位置，静候。

山里风大，等了一会没有动静，同伴老李开始有些躁动，时不时左顾右盼，郝海珍却一动不动。

老李忍不住问：海珍，真的有？怎么半天连跟鸟毛也看不见，是不是你看错了？

手表上的时针指向 7 点半，郝海珍站起身：你还是耐心不够，这才多大一会儿，我拍苍鹭的时候在雪地里趴了 6 个小时呢！

## 10．山上　凌晨　外

双休日的凌晨，寂静的山林中，阳光透过树枝斑驳地洒落，各种鸟啼声此起彼伏，在一处树木掩映的角落里，郝海珍手托相机在帐篷中静静守候着。

时间飞逝，林间的蚊虫在他脸上、身上落了又飞、飞了又落，他都无动于衷。

看着鸟还不来，郝海珍拿出了终极法宝——招鸟器。

时针转动，又是一阵漫长的等待，突然鸟出现在镜头中，但一飞而过，还没按下快门就不见了，他只能眼巴巴地看着鸟飞走。有时好不容易抓拍几张，姿态却不是很好，他不满意地摇摇头。终于，等到鸟落到了不远处的枝头，他抓住机会，从不同角度“咔嚓”两下将画面定格下来。看着相机中的照片，他心满意足地笑了，说：终于逮到你了！

## 11．郝海珍家　日　内

郝海珍在电脑前整理照片，翻阅资料。

女儿：老爸，你这鸟拍了不少了吧？

郝海珍：这种鸟我已经等了好长时间了，这下该就有 200 种了。

女儿惊讶地说：200 种！寿阳的鸟全让您给拍了吧！

郝海珍得意一笑，给女儿指着电脑：今天拍的鸟上传到鸟网，不一会就有网友留言，看。

电脑里的留言——

版主照片真英俊，你们寿阳肯定也特别漂亮。恭喜你今天又有大收获了。为你美丽的家乡点赞，也为你的坚持点赞！

## 12．郝海珍家　夜　内

电闪雷鸣。

快要入睡的郝海珍望着窗外的大雨隐隐感到有些不安，低声自言自语：这雨都下两天了，再这么下，电网会不会出事？

郝海珍望着窗外的大雨浓眉紧锁。突然，他的手机响了。他急忙接听……

（字幕）持续的暴雨不仅引发了山洪等地质灾害，也导致松塔、羊头崖方向道路交通阻断，电力设施受到严重破坏，严重影响村民生活。

## 13. 路上　日　外

郝海珍坐着抢修车辆，行进在前往灾区的路上。

沿路看到河渠、山沟尽被洪水冲蚀，山林的美景不复存在。

在一处被冲毁的山路一端，装满物资的抢修车辆已无法通行。

附近的村民在路面另一端翘首以盼。

抢修人员抬着电杆准备蹚水过河，但是由于不熟悉水下情况，不敢贸然前行。

郝海珍到了现场，毅然挽起裤腿下河，跑到队伍最前面，扛起电杆对大家说：这片地形我熟悉，跟着我走！

抢修队长：这是郝师傅拍鸟的地盘，跟上他，准没错。

泥泞的河水中，抢修队员艰难地抬着电杆，郝师傅一不小心在水中歪了一下，差点摔倒。

对面的村民看到眼前的情景深受感动，领头的一个大汉手一挥，带领下几个年轻小伙子跑过来，下水帮抢修人员一起把电杆运到岸上。

郝师傅擦了一把额头上的泥水：老乡，谢谢你们啦！

村长：我这个当村长的应该感谢你们！路断了，电停了，手机信号也没了，你们是第一个赶到这儿援助的。

## 14. 郝海珍家　日　内

郝海珍女儿看着窗外连绵的雨更增加了她的烦躁情绪：4 年大学，老爸很少管我。可这毕业了，去哪里？工作是大事！

她拿起电话：爸爸，怎能没有信号？

她连着拨打，仍没有信号，索性放下电话，一屁股坐在沙发上，打开电视机看电视。

电视里正放着洪涝灾害新闻。突然画面里面出现了一个熟悉的身影，她情不自禁地：爸爸！

郝海珍淌着泥水的场景……

### 15. 村庄　夜　外

天渐渐变黑。屋里灯光亮起。

郝海珍站在村外的山包上，望着星星点点照亮了整个山村。

### 16. 郝海珍工作室　日　内

郝海珍正摆弄着创新发明的模具。

“咚咚咚”，焦书记满脸笑容，推门进来。

郝海珍站起身来，赶忙问道：书记，甚事？

焦书记：海珍，还在这忙活呢！哈，告诉你个好消息，你的 6 项发明都过了国家专利认证了！这可是咱公司的大喜事啊！

还没等郝海珍开口，他又接着说：还有啊，县里可看重你拍的那些鸟图啦，人家还准备给你弄个摄影发布会呢！你赶紧准备准备，这真是双喜临门啊！

### 17. 县文化中心　日　外

一辆辆电动汽车停了下来，人们下车涌入摄影发布会场。

公司领导、县领导、单位职工、社会人士、骑行者台下就坐。郝海珍坐在第一排。

主持人上场：尊敬的各位来宾，在咱们寿阳有一位摄影达人，他用 5 年时间，拍了寿阳境内的 200 多种野生鸟类。这可是咱寿阳生态环境日益好转的有力见证！下面有请郝海珍上台！

主持人说话的同时，后台准备上场的郝海珍电话突然响起：老爸，我被阿里巴巴总部录取了！你也要加油哦！

挂了女儿的电话后，郝海珍百感交集，走上前台，看到台下的师傅、亲友、同事，往事一幕一幕回荡在脑海中……（创新一次次失败再重来，拍鸟一次次失望而归，师傅的叮嘱等画面叠加出现）

思绪回到现实，郝海珍手点 ipad，百余幅摄影作品通过特效轮番展示。台下的观众无不为之震撼。

画面渐起，落日余晖中，出现郝海珍拿着相机在山间行走拍摄的剪影。

郝海珍的画外音：我是一名普通的电力人。但我知道，滴水也能穿石，再普通的事都会因坚持而变得伟大！

在一处山林和电网（最好有鸟）交融的美景中，他摁动快门“咔嚓”将画面定格。

# 大同的“黎明”

# 大同的“黎明”

张　尧｜国网大同供电公司

## 1. 供电公司抢修处大景　晨　外

供电公司大楼下，公司职员陆续进入大楼。职员间相互友好地打着招呼，显现出供电公司一片活跃的气氛。

画面右移至一处空白的虚幻的场景里。

李明得瑟地独白：我叫李明，知道我是干啥得不？我是华北电力大学毕业，在国网大同供电公司黎明共产党服务队工作的一名新队员。我的做人目标就是专业，凡事都得讲效率，正所谓专业者干大事也。什么，光说不练不相信？哼，好啊，见识一下吧！

画面右移到真实的场景里。

李明有声有色地跟一些人讲解着他的专业知识和自己的事情：那时候，我一个箭步上去，咔嚓切断电源，拿出我的武器，一把有着历史沉淀的螺丝刀……

一些人在听着，然后点头表示赞同。

画面右移至一处空白的虚幻的场景里。

李明：怎么样，各位是不是心服口服了？告诉你们……

画外音：一个工具落地的声音。

李明吓得咧开了嘴。

真实场景处，一个工具放到了车上。

人们一哄而去：上班了，上班了。

其中一人：李明，这个小说是谁写的？（笑着离开）

虚幻处，李明两手一摊：没办法，工作要紧。

一个甜甜的声音：你好！

镜头随着李明的视线转动。

## 2. 客服营业厅　日　内

王丽在营业厅服务。

一位中年土豪大汉挥动着手摸着头上的头发大步走了过来：怎么回事？刚回家就没电了？啊，我交不起电费怎么的？姑娘，别说我以大欺小，今天这事给我整明白喽！

王丽微微在笑：师傅，您先别急，您家停电了是吧？是这样，以前好多用户出差的时候遇到家里停电就交不了电费了，现在我们有专门的手机“掌上电力”交费软件，你只要把它安装在手机上，就可以随时掌握用电情况，随时交费了。

大汉眼睛一亮：哦，这么好？

## 3. 公园　日　外

李明手拿鲜花，抬头深呼吸，享受着浪漫的气息。（配上浪漫的音乐）

王丽从远处笑眯眯地走了过来。

李明赶紧把花递上：给你的。

王丽：你在这儿干什么？

李明：怎么样，有没有感觉到浪漫的气息？

王丽看看花看看李明：我感觉到了你就这点出息。还拿花?

李明嘟着嘴。

王丽：哟，不服气呀？有本事拿出成绩跟姐姐比试比试呀！哼！（离开了）

## 4. 抢修队院　日　外

李明整理服装和工具走到抢修车前和班长上车而去。

陈班长坐在车里跟李明说：李明啊，我跟你说，我们要进一步深化供电服务内涵，满足客户需求，从今天开始，我们正式推出“感动式”服务，要用我们的细心和关怀感动客户，定期走访用户，开展“上门服务日”活动。

李明接过话：我觉得一个从事专业技术的人能够跑到村里做最基本的检修，已经就是一种感动了。

陈班长微微一笑，谦虚地说：其实我也不专业，也是慢慢积累的一些经验。

李明：这个我知道，专业和经验，它是两回事，我说的专业就是专业学校出来的那种专业技术。

班长疑惑：你是在说我不专业吗?

李明：呃，我是在说你有经验。

班长：那我还是不专业呗?

李明想了想使劲摇头：唔……没有说。

班长有点不高兴地扭过头去：走吧!

车子离开大院。

## 5. 路上　日　外

车子行驶在路上。

李明旁白：今天我们要去抢修，这是我们陈师傅，他已经连续工作好几天了，加班加点。没办法，倔强，真以为自己还是年轻人。一个思想传统，工作老套，做事还老在我前头，所以我一般在心里称呼他老头。

车子行驶在崎岖的山路上。

### 6. 小区一处电线前　日　外

班长在检修电路，一直指使着李明干这干那。

班长：螺丝刀。

李明已经拿在手里了，便赶紧递上。

班长：卡钳，拧三圈。

李明照做。

班长：电流指示（等多项电力专业的问题）。

每当班长提出问题时，李明早已备好了工具。

班长：动作挺快呀！

李明：师傅，是你的动作让我太习惯了。

班长顶着烈日感觉头有点晕，不由闭起眼睛用手扶着头，差点摔倒在地。

李明发现情况后赶紧下去扶班长：哎呀，老头，你没事吧？

班长缓了一下：嗞，没事！

李明：当着点心，你呀现在不是年轻人了。（说着扶着班长站了起来）

班长然后反应过来：你刚才叫我啥？

李明也意识到自己叫错口了，愣住：叫你，叫……

班长：老头？

李明：呃，没有，没有。

班长：没有？

李明：嗯，没有。是你听错了。

班长：我听错了？

李明：对，师傅。肯定是你这个年龄耳朵有时候有点问题什么的（指了指耳朵）。

班长：那你刚才说的啥？

李明：我说你当着点心，现在不是年轻人了。

班长：那这跟老头有啥区别？

李明：呃，这，师傅，误会，绝对的误会。

班长继续干活。

转换到李明虚幻的场景：因为，你本来就是老头嘛。

## 7. 村里　日　外

村里三三两两的人们在走着。

几组镜头，班长仔细巡线，擦汗……

虚幻处，李明耷拉着脑袋：没有营养的杂活。哎！

大中午的太阳直射头顶。

多方位工作镜头。

虚幻处，李明低着头：好渴！好饿！

过来一村民：两位师傅，还没完呢？

班长：快了。就剩这一处了。

村民：不行去家里休息会吧，吃完饭再干，不差这一会。

虚幻处，李明眼睛一亮等待班长发话。

班长：不行啊，得早点弄完让村里也早点来电。

虚幻处，李明流口水：好你个老头，太狠了，跟着你不让我干技术活也就算了，饭也不让吃，不行，我要回去，我受不了。

班长修好最后一处，做完最后一道工作后，开始收拾东西。

村里传来了小孩们的叫喊声：来电了，来电了。

班长从包里拿出一点干粮递给李明：总算完了，来，饿了先垫吧一口吧。

李明笑着：吃这个？那还是回去吃吧！

班长：回什么去，这儿刚修好，不得等会稳定了再走。

李明眨巴眼睛看着班长。

一位大爷开口：你们是修电的吧？

班长看了看：对，是，现在已经修好了。哎呀，你是杨老伯吧？

杨老伯：对，对！

虚幻处，李明拿着干馒头：咦，熟人，难道要请我们吃饭？

杨老伯：是这样，我家太阳能发电板坏了，发不了电，能不能帮我看看？

班长：太阳能？

杨老伯：对。（露出期待的目光）

李明看了看班长又看看大爷，赶紧站起来：哎呀，这位大爷，非常抱歉，现在是我们午饭用餐时间。在这期间，为了保证好我们班长的用餐和休息，您有什么需求，一会儿再说，给您造成的不便敬请谅解。（说着用手示意请回姿势）

班长把手中准备吃的干粮往李明手中一塞，问大爷：那行，大爷，你家住哪儿？

大爷：就在前面，（说着指了指远处）那两棵树那儿就是了。

班长：那这样吧，大爷你先回去，我们收拾一下马上就过去给你检查，你看行不？

李明手拿干粮眨巴着眼睛。

大爷高兴地：哎，好嘞！（说完起身走了）

李明瞪着师傅：师傅，你要去啊？

班长语重心长地：李明，杨大爷是省里的光伏扶贫对象，老人家脱贫致富就全靠这个太阳能呢，这个项目在乡里、村里是“眼睛珠”，乡亲们有啥需要，我们就应赶快给人家修好。

李明虚幻处拿着干馒头手脚四处挥舞：没天理了呀，老头欺负人，干馒头也不让吃完。我不去（大叫）！

现实中班长：咱不能不去，你听我给你讲，我们作为共产党黎明服务队抢修人员，要时时刻刻想着老百姓，要做到有呼必应，有难必帮。无论什么时候，只要老百姓有需要我们帮助的地方，我们就要第一时间出现在现场，就要把事情做得更好……

## 8. 大爷家　日　外

大爷家，班长在检查着线路问题。

班长看了李明一眼，回过头：大爷，问题查出来了，是你家的漏电保护器有问题，接触不好了。

大爷：那要怎么弄呢？

班长：需要换一个新的。换上新的就好了。

大爷：换新的？（感觉为难）那得多少钱？

班长：这个……（犹豫着）

大爷为难地：那我能不能不用漏电保护器啊？

李明：那肯定不行，出了事怎么办，喏，大爷，没钱呐？没钱你可以说啊！

班长看了李明一眼，以为他要替大爷付钱。

李明接着说：给你儿子打电话说，不就解决问题了，不行用我手机打。（说着掏手机）

班长一把拉过李明：干什么你？你胡说什么？

李明：没有呀！

班长拿出自己的钱来递给李明：去，你买去！

李明：买啥？

班长：买漏电保护器啊！

李明疑惑地：我去买漏电保护器？

李明的虚幻场景：我说老头你是不是脑子进水了？你自己出钱，然后让我跑腿，再去给一个不认识的人买漏电保护器。你是集合了唐僧和猪八戒身上所有的优点了吗？喔！（无奈叹气）行，我去，我去，买买买（各种不耐烦的姿势）

现实中，李明在烈日下走路，满脸汗水，肚子里发着声音，腿脚发软地走着。

虚幻中的李明说着：头顶烈日，汗流浃背，腹中饥渴，疲惫不堪。（最后手里抱着一个漏电保护器无力地瘫坐着，然后眼睛紧紧地盯着漏电保护器）大功告成。

换漏电保护器的几组镜头，李明排查线路。

这时候一个妇女的声音：喂，你们是修电的？

虚幻处李明愣住了：什么声音？

现实中拿着工具的李明面向墙壁，听到声音后抬起头转过来。

一位妇女：我家电饭锅没电了，做不了饭。

班长：啥，电饭锅坏了？

虚幻处李明愤怒地喘气：又是电饭锅，饭、饭、饭能不能不要提“饭”这个字啊？（跺脚）大姐你是菩萨派下来专门折磨我的吗？不行不行不行。

现实中李明：嗞，大姐，我们是供电公司专业修电路的，不是修家电的，电器坏了你得拿到城里去修去找售后，关键是我们不是维修工，啊，走吧走吧！

妇女：走？哼！我不走。告诉你们，我花钱用电，没电了就得找你们，你们修电的就得负责给我修好喽，你看看你们，一个手里拿着螺丝刀，一个手里拿着铁扳手，衣服上写着电力抢修，不是修电的是什么，告诉你们，你一天是修电的，就一辈子也是修电的，想偷懒耍滑，没门。

班长赶紧说：那行，大姐那我去给你看！现在就去。

李明不高兴地走到班长跟前：师傅，你真去？这个电饭锅坏了就是他们用户自己的范围内，就不属于咱们管。

班长：我知道，（说着收拾着工具）李明，你听我给你讲，我们作为共产党黎明服务队抢修人员，要时时刻刻想着老百姓，要做到有呼必应，有难必帮。无论什么时候，只要老百姓有需要我们帮助的地方，我们就要第一时间出现在现场，就要做得更好……

虚幻处的李明捂着耳朵躲在角落里，一直听着师傅的那些话。李明：天呐，师傅，就算你是唐僧，我也不是你的悟空，你也不能把我当猴耍吧！啊，啊！不行，我得暗示他。

李明把手腕上的手表抬起来放在班长的眼前：师傅！

手表显示两点。

班长一把握住李明的手表示，跟他亲近的样子：听懂了吧？

李明：师傅，我是说现在几点了？

班长：啊，两点了！（指了指工具）我先过去，你收拾一下。（说完先行和妇女走了）

大爷这时从屋里出来拿着一些皱巴巴的钱：孩子，你们辛苦了，这是刚才漏电保护器钱，剩下的你们一会吃点饭买点水喝。

李明看着大爷抿了抿嘴唇：大爷，你真是一个明事理的人啊！你太不容易了（说罢用手拿起了大爷手中的钱）啥都别说了，这些钱，我不拿……（激动地）就对不起你的一番心意。（说着把钱揣口袋里了）

## 9. 妇女家　日　外

现实中李明无奈地修着电器，眼睛里满是怒意地盯着班长。

班长突然回头露出微笑。

班长检查完后：阿姨，您这个呀，是插座问题，回头换一个插座就好了。

妇女高兴地：这么简单呀，我还以为是怎么了。

虚幻处的李明在左右走动，嘴里念着：55，56，57，58，59，铛铛铛，（跑向一角抬头说着）

现实中的李明：现在时刻下午 3 点整。

班长并没有理睬李明，只是跟妇女说：可以了。

妇女：还有这个电视也是不对了，老闪得不停。

班长：嗯，这样啊，李明，把万用表再拿出来。

李明愣愣地看着班长，咬着牙用力点了点头。

虚幻处的李明手里拿着一把螺丝刀蹲在地下：师傅，你是想让我改行修家电吗？（看了看手中的螺丝刀）我的专业知识呢，咱们从此是不是要拜拜了，还有我亲爱而又美丽的姑娘，在你面前得不到你对我专业的认可，你是否从此也要离我远去呢！

## 10. 公园　日　外

李明幻想着和王丽分手。李明闭着眼：学妹，我走了，不要想念我，我们此生不能在一起，但愿来生能够化作蜜蜂比翼双飞。

王丽：学哥，飞吧，但愿在空中不要遇到鸟儿的阻拦。

李明：别了。（伸手作分别状）

虚幻处，李明闭着眼睛，用手假装擦了擦眼泪，不自主地看了看手表：哦，天呐！现在时刻，下午 4 点整。

虚幻处，李明跑到一角：现在时刻，下午 5 点整。

李明在另一处蹲着：6 点了。

现实处，班长还在耐心修着电器。

妇女接起电话说着：三婶我给你说，人家修电师傅技术可好了，一下就知道哪里有问题。啥，你家也要修，行行，我一会就带他过去。

李明听后崩溃地头往后一仰。

虚幻处，李明倒在了地上，稍后张着大嘴吐起了白沫：7——点。

## 11. 村里　夜　外

两人收拾好工具放在了车上，班长也累坏了，摆动了一下头想让自己清醒，李明瘫靠在车上，然后从口袋里拿出几十块钱：师傅，那个那个杨老伯的漏电保护器钱我给你收回来了。

班长看着钱：啥，杨老伯的漏电保护器钱？你知道他是什么人吗？

李明眨了眨眼睛：知道，老年人嘛。

班长：老年人？你……（突然班长晕倒在地上）

李明大惊：师傅，师傅。

班长紧闭双眼。

李明：师傅，你不要吓我啊！

李明想办法叫着师傅，准备打电话报 120。

这时师傅醒转了过来，喃喃开口：打什么 120？

李明扶着班长起来：咦，醒了。

班长：不就是中暑嘛。

李明：哎呀，师傅你吓死我了，你说你就这两下逞什么强吗，都连续工作几天了，身体又不是铁打的。（舒了口气）没事就好，没事就好，咱们回去吧！

班长叹口气：有事呢。

李明吃惊：啊！还要昏迷？

班长：昏什么迷，把钱给人家送回去。

李明：啥，送回去，师傅你这是……

虚幻处李明：你这是刚才昏迷把脑子烧坏了吧，我好心给你拿回来，你再让我送回去？

现实中班长：你听我说，这位杨老伯以前是一位老师，他跟咱们一样，也有一个幸福的家庭，有老婆有孩子。在他年轻的时候，他遇到过好多上不起学、交不起学费的孩子，可他能力有限，帮不上什么大忙，所以他就从小教育他儿子长大后一定要做一个对社会有贡献、能帮助别人的人。后来他儿子当了兵，成为了一名消防战士，经常救好多人，杨老伯为他儿子感到非常骄傲。可是不幸的是，在一次火灾事故中，他儿子为了救一位老人而牺牲了。（顿了顿）后来杨老伯他老伴也去世了，杨老伯就什么都没有了，他把以前的积蓄都捐给了那些山区贫困的孩子们，希望他们能完成学业。而自己就这么一个人过着清贫的日子。

李明静静地听着，然后嘴唇颤抖起来。

虚幻处李明抱头哭了起来，然后把钱掏了出来，一手拿着漏电保护器钱，一手拿着自己的几百块钱。（看了一会，用手抹了下鼻涕，然后往起一站）

## 12. 大爷家院子　夜　外

大爷手里拿着李明给他的钱：孩子，你等等，孩子，这钱我不能要。（说着追了出去）

只听得李明远去的一个声音：大爷，再见！

大爷木讷地站在一盏明亮的路灯下。

## 13. 小区一处　夜　外

两人站在村头看着晚上明亮的村庄。

一排排整齐的民房煞是漂亮，村里一根根电线杆排列有序，村庄内进户线整齐，路旁的两边上，电杆上整齐地粘贴着写有电力抢修热线，用电安全常识等内容的宣传画及标语。

班长：真漂亮！

李明看了看班长。

班长开心地笑了，然后两人返回来上车走了。

抢修车行走在明亮的街道上，越行越远。

李明的旁白：后来班长跟我说，我们为什么叫黎明服务队，就是每当我们为老百姓修好了一盏灯，听着他们在屋子里的欢语笑声，然后看着点点光亮从窗前透射出来，它更像是黎明前的一丝曙光一样照射到我们大同的每寸土地，温暖每个人的心里。光虽不亮，但可以驱走生活中的黑暗。我们要做的就是像这黎明前的一丝曙光，不论天黑与天亮，及时出现在老百姓最需要我们的各个角落，用点点滴滴的爱为他们带去明亮和便利。

虚幻处的李明思考着：我现在明白了，师傅虽然有时候确实比较像唐僧，但是唐僧在取经的坎坷路上，在经历了九九八十一难之后，最后他还是带着徒弟们取回了真经。

## 14. 电力大厦　日　外

李明抱着一个“爱心捐款箱”走着，然后碰到了王丽。

王丽：喂，李明。

李明：哎哟，三美丽姑娘呀！

王丽：你拿这干什么？

李明：看不出来吗？（指着上面，一字一句地念道）爱心捐助，给村里孤寡老人的。

王丽：哟，都变成爱心人士了？

李明：不要误会啊，这可是咱们全体成员的爱心，我一个人可当不起。

王丽：你不是说过要拿专业的技术来征服我吗，技术呢？

李明：嗨，这个专业技术就是（停顿了一下）从小事做起。

王丽：呵，认输了吧，不征服我了？

李明：当然要征服，不过呢（拍了拍箱子）现在没空，先走了。

王丽疑惑地看着李明：等一下。

李明停住：怎么？缠上我了？

王丽从钱包里拿出几块钱塞了进去：也算我一份。

李明：谢谢啊！哦，对了，等我取回了真经我就来征服你。你可要等我啊（说罢离开了）。

王丽不解地：取真经？啥意思！（摇了摇头）

李明抱着箱子走着，嘴角露出一丝得意的笑容。

## 15. 营业厅　日　内

大厅内工作人员各司其事，王丽正给用户讲解 APP 等东西。

大厅一片忙碌的景象。

## 16. 供电公司　日　内

领导拿来好多感谢信，都是用户写给班长的。

此时念到了一封捐助信。

领导念着：感谢供电工作人员对孤寡老人的捐助。（是李明给收了漏电保护器钱大爷捐了二百块钱的事情）

李明这时偷偷走了。

班长这时脸上露出了一丝笑容。

所有成员们都咧着嘴开心地听着信里的内容。

一人突然问：哎，李明呢，怎么不见了？

一人：刚刚还在呢，估计是害羞偷跑了吧！

所有人都哄堂大笑起来。

虚幻处李明：跑啥呀！我得工作了。（两手一摊）

# 供电营业班的故事

# 供电营业班的故事

王　烨 | 国网运城供电公司

## 第一集　收费困境

### 1. 供电营业大厅　日　内

一个坐落在乡镇上的供电所。门楣国网绿。供电所干净整洁。清晨，张二嘎走进营业大厅，走到柜台前，他狠狠地将手里的工具包摔到柜台上。

旁边的小红惊吓得肩膀一抖，她白眼斜看，语气生硬：这是发哪门子脾气？

张二嘎皱眉：真嘛达。

小红把一摞电费发票递给张二嘎：你赶紧去催收电费吧。

张二嘎蘸了一口唾沫，低头不耐烦地搓着发票：真嘛达，给我分的那几个台区的年轻人大多都进城打工了，村里剩下的都是些老人和孩子，我管谁要去？

小红叹口气，同情地说：你替王二蛋家垫交的前几个月的电费，他还给你了么？

张二嘎往包里塞发票：没有呢！我去了几次，他还没回来。

小红：会好起来的，公司推出的“掌上电力”很快就能解决外出打工家庭交纳电费的问题了。

张二嘎抬眼盯着小红，语气调侃：心疼我了？

小红用手推张二嘎：能不能正经点？

张二嘎嬉笑：看看，脸像涂了胭脂一样好看。

小红：你永远都没个正形。

张二嘎：行了，我再去上门找他，看他回来了没有。

小红：赶快走吧。

张二嘎背起工具包，走出营业大厅。

## 2. 王二蛋家门口　日　内

张二嘎骑车哼着小调，由远而近，从车上跳下。

他伸长脖子朝四周张望，然后将背上的工具包取下，随手扔进车的前筐，转身朝坡下一条长长的地窨院走去。

张二嘎在大门外喊道：有人吗？

赵二婶手拿簸箕，在院子里：谁呀？

张二嘎：二婶，我是供电所的二嘎子，我给您送这个月的电费发票来了。

赵二婶拉开大门，表情尴尬：哎呀，是二嘎子啊，可是，我家二蛋他还没回来，我身上没钱，等二蛋回来了，我立马就让他给你送过去。

张二嘎：婶，那王大哥他什么时候回来？你给我个准信。

赵二婶：估摸着就这一两天就到了。

张二嘎：那婶，那我先走了，王大哥要是回来，你让他赶紧到我们供电所的营业厅把这几个月的电费结一下。

赵二婶拍胸保证：二嘎子，你放心，他一回来，我立马就让他过去把欠你们的电费全部都交清。你说你每天风里来雨里去的，婶心里跟个明镜似的，真是谢谢你了啊！

张二嘎翻身上坡，回到自行车前，发现放在车筐里的工具包不见了，张二嘎小声咕嚷：哎，我的包呢？

### 3. 供电营业班　日　内

张二嘎推开营业厅的大门，进，垂头丧气。

小红诧异：回来了？

张二嘎气恼：真嘛达。

小红：这是怎么了，出去了一趟，怎么就像霜打的茄子，蔫了？

张二嘎：真嘛达，我的工具包被偷了。

小红语气急迫：怎么被偷了，你放在哪儿被偷了？

张二嘎：我和赵二婶就说了几句话，那包转眼就没了。

小红：包里的钱多么？

张二嘎：钱倒是不多，可是，电费发票全在里面啊！

小红着急：那你替王二蛋家垫交的电费，留底子了么？

张二嘎：我这不求你来了么，真嘛达。

小红翻电脑屏幕：我帮你查查存根，你再好好找找，你这个人呀！

### 4. 王二蛋家门口　日　内

一座山区乡村特有的地窨院，门紧闭，张二嘎不停地敲门。

王二蛋声音不耐烦：谁呀？这大清早的，还让不让人睡觉了？

张二嘎打了个口哨，声音欣喜：王大哥啊，我是二嘎子，你回来了？

王二蛋故意压着嗓音：不是，我是隔壁家的王老八。

赵二婶声音隐隐约约：你装什么鬼呀，人家孩子都来了好几趟了，你这几个月不在家，人家都替咱们把电费先垫交了，你怎么这样，做人要有良心。

王二蛋小声呵斥：别说话！

张二嘎：王大哥，你开开门呐。

赵二婶打开大门：二嘎子，二蛋他在家，你进来吧。

张二嘎恭恭敬敬将电费发票递到王二蛋手上：王大哥，这是你们家这几个月的电费发票，你核对一下。

王二蛋接上发票，低头看，脸沉下：咋是复印的？

赵二婶：我不是给你说了吗，上次二嘎子来咱家，包都被小偷偷了。这些年，他看咱家困难，替咱交的电费我心里有数，你怎能不认呢？

张二嘎深深地鞠一躬：王大哥，对不起啊，我太粗心大意了。

王二蛋语气不耐烦：行了，我知道了。

张二嘎：王大哥，这个月的电费你一定要在月底前把它交清了，否则我们计算机系统会自动进行电费滞纳金计算。

王二蛋不以为然：哼，滞纳金？还敢收滞纳金？试试看！

## 5. 供电营业班　日　内

张二嘎表情得意，吹着口哨，步子轻快，推门，走进营业大厅。他从身上取下工具包，扔柜台上。

小红：王二蛋回来了？

张二嘎：你怎么知道？

小红表情嗤笑：不嘛达。

张二嘎：知我者，小红也。

小红：你就贫吧，嘛达师傅。

## 6. 王二蛋家　夜　内

风雨交加，电闪雷鸣，王二蛋家的电灯突然灭了。

## 7. 供电营业大厅　日　内

王二蛋怒气冲冲，推门进营业大厅。

王二蛋：我想问问，你们供电所凭什么停我们家的电？

小红从柜台后站起：不是我们停的电，昨天晚上由于雷击的原因，你们那条线路上发生了接地故障。

王二蛋：怎么？事情赶得这么巧啊，前两天张二嘎刚去我家要过电费，我没给他，我看就是他在打击报复我，你把张二嘎给我叫出来，我看就是他使的坏。

小红辩解：这和二嘎子没有关系。

王二蛋：我不管，他管我们那块的电，这电停了，他怎么就不管了？我家烤的烟叶可是因为停电全毁了，他得赔我们。

张二嘎进门，王二蛋转身看见，王二蛋走到张二嘎面前，拉住张二嘎的衣襟不分青红皂白打了起来。

## 8. 张二嘎家　日　内

小红帮张二嘎涂药水：你呀！让我说什么好。

张二嘎吸溜着嘴：疼。是我媳妇多好！

小红沉下脸：谁是你媳妇？

小红重重地放下药水：你再贫，我可要走了。

张二嘎：开个玩笑么，我知道你看不上我。我改还不行吗？

## 9. 供电营业大厅　日　内

营业厅里，一群人围在柜台前，吵吵嚷嚷。

王二蛋：我家这个月电费竟然多收了我两块，为什么？

小红：根据规定，如果你不按时交纳电费，系统就会自动计算。

王二蛋：放屁，前几个月怎么没有？我看你们这是故意的，是不是张二嘎捣的鬼？

小红面露不悦：这和张二嘎没有关系，前几个月你不在家，人家看你们家困难，是替你垫交了，所以才没有滞纳金。

王二蛋：我不相信，你把他给我叫出来。上次停电，我家烤的烟叶全毁了，他得赔我。

小红：上次的事情，我们已经解释过了，停电不是我们人为原因造成的，是雷击导致的。

王二蛋：你糊弄谁呢？

小红据理力争：前几个月，如果不是二嘎子替你们家垫交了电费，根据规定，我们完全可以实施停电措施，但是二嘎子考虑到你外出打工，赵二婶一个人在家不容易，他不仅没有因为你们家欠缴电费停你们家的电，反而替你垫交了好几个月的电费。你这人怎么不知好歹呢？

王二蛋拍着桌子，大声：我就是不相信，我找你们领导去。

## 10. 班长办公室　日　内

王二蛋怒气冲冲推开班长办公室门。

王二蛋：王班长，我要投诉，你看你们的人这个月让我多交了两块多钱。

王大虎：你先坐下，不着急，慢慢说。

王二蛋将手里的发票重重地摔到王大虎面前。

王大虎拿起发票仔细一看，笑着说：来来，让你看样东西。说着站起来从书柜里拿出了一本制度汇编。

王大虎：来来，咱俩一起学学制度。说着就指着书中的文字读了起来：《供电营业规则》第 98 条规定“用户在供电企业规定的期限内未交清电费时，应承担电费滞纳的违约责任。电费违约金从逾期之日起计算至交纳日止。每月电费违约金按下列规定计算：居民用户每日按欠费总额的千分之一计算。”

念到这里，王大虎站起来说：我们电费核收系统全国是统一的，如果你不按时交纳电费，系统就会自动计算电费违约金，所以，你以后一定要按时交纳电费。

王二蛋眼球一转：呃，王班长，你该不是包庇自己人吧？

王大虎：说实话，二嘎子因为替你垫交电费，已经受了不少委屈。

王二蛋起身：你拿出证据啊！

王大虎打开电脑：你看，这是每月你家的电费明细。你说，你出去打工的这几个月，电费怎么就结零了？

王二蛋挠头：看来我错了，真对不起，我这就把给二嘎子垫交的钱还给他。

## 第二集　苦练内功

### 1. 班长办公室　日　内

供电所内室，门牌标识“供电所班长”。张二嘎、小红推开大门走进，两人显得垂头丧气。

王大虎坐在办公桌后：二嘎子，今天比赛结果怎么样？

张二嘎眼神逃避。

小红走到桌子前，坐下，突然趴在桌子上，肩膀抽动，嘤嘤哭泣。

王大虎站起，神色着急：怎么啦？

张二嘎看着小红，表情沮丧：班长，我们班被淘汰了。

王大虎：你看看，我平时要你们好好学，好好学，可是你们就是不听，这下看出差距了吧？

张二嘎不服气，脖子一扭：哼，我只是没有发挥好罢了，他们敢单挑么？

小红抬头看着张二嘎，小声嘀咕：你这是门后耍大刀，一招没一招。

张二嘎盯着小红：你这人怎么说话呢，有你这么安抚受伤的同志么？

小红抽泣：班长，我们辜负了你的期望，我们以后一定苦练内功，提高业务能力。

王大虎拍着张二嘎肩膀：从明天起，我们来个末位淘汰竞赛。

张二嘎表情沮丧：班长，你又有什么鬼点子了？真嘛达。

王大虎：明天你就不嘛达了。

## 2. 供电营业厅大门口　日　内

王大虎站在营业厅大门口，张二嘎背着工具包走过来。

张二嘎回头，看身后：班长，大清早，你这站门口迎接谁呢？

王大虎：今天要进这个门，得答对了我提的问题，才能进去。

张二嘎眼睛睁大，神色诧异：不会吧？

王大虎手伸进裤兜，掏出一纸条，清清嗓：请听题，供电服务十项承诺内容是什么？

张二嘎挠头：这就是你说的淘汰赛？

王大虎一本正经：请回答。

张二嘎回答磕绊：第一条，城市地区供电可靠率不低于 99.90%，居民客户端电压合格率 96%；农村地区供电可靠率和居民客户端电压合格率。第二条，提供 24 小时电力故障报修服务，供电抢修人员到达现场的时间一般不超过：城区范围 45 分钟，农村地区 90 分钟，特殊边远地区 2 小时。第三条，第三条，班长，你饶了我吧。真嘛达。

王大虎拉长脸：请继续回答。

小红走过来，进门。

张二嘎伸长脖子：班长，你怎么不问小红？

王大虎神色威严：你先管好自己。

## 3. 供电营业大厅　日　内

小红撩起袖子，低头擦桌子，王大虎走过来。

王大虎：小红，我们的服务宗旨是什么？

小红表情奇怪：班长，你这是干嘛？

王大虎：从今天起，我会不时地抽查你们一些专业问题，我就不相信，在我的“逼供”下你们进步不了？

张二嘎捂着肚子，跑进来：班长，我肚子疼，我要上厕所。嘛达死了。

王大虎回头，脸上无奈，摇头。

王大虎转头盯着小红：小红，你还没有回答我的问题。

张二嘎在王大虎背后举着一张写着答案的白纸。

小红神色轻松，笑着：班长，太简单了，不就是人民电业为人民嘛。

王大虎满意地点了点头：那我问你一个难一点的？我们服务举止规范包括哪些？

小红紧张朝王大虎身后看去，张二嘎将写好答案的纸举起来。

小红：一是举止做到自然、文雅、端庄大方……大方……

王大虎低头，看手里的纸条，小红小声：举高点。

王大虎猛地抬头：什么？

小红神色慌张：哦，站立时，抬头、挺胸、收腹，双手……双手……

王大虎低头看答案，小红用手示意：靠近点。

王大虎抬头：什么？

小红身体前倾，将眼睛眯成一条缝：双手下垂置于身体两侧，两侧。

王大虎突然回头，张二嘎急忙将手里的纸放到身后。

王大虎：二嘎子，你手上拿得什么？

张二嘎吓得吐舌头：有啥？没啥啊！这不是，我来取手纸，我要上厕所。

张二嘎转身，急忙朝厕所跑去。

## 4. 操场上　日　外

张二嘎、小红站在操场上，排成一条直行队伍。

王大虎左手曲肘，右手指向远方。

王大虎：站好，报数。

张二嘎：一。

小红：二。

王大虎：好，今天我们开始礼仪培训。

张二嘎做鬼脸，拉长音：班长，我头疼。嘛达死了。

王大虎神色威严，不理睬张二嘎：我们一定做到站有站相，坐有坐相，站好。

张二嘎站直，挤眼：班长，是这样吗？

王大虎：好，张二嘎站出队，给大家作一示范。

张二嘎神色尴尬：班长，我就这么一说，你来真的啊？

王大虎脸上一本正经：请张二嘎同志出队。

张二嘎磨磨蹭蹭站出。

王大虎：礼仪第二条，抬头、挺胸、收腹。

张二嘎随王大虎讲解，摆动着头、胸、腹。小红笑得前俯后仰。

王大虎虎着脸纠正张二嘎动作：是这样。

王大虎做“抬头、挺胸、收腹”的动作，众人跟着做。铃响。

王大虎左手曲肘，右手指向远方。

王大虎：今天我们的课程到此结束，明天我将转向装表接电实训项目。

## 5. 装表接电室　日　内

张二嘎、小红身穿工作服，头戴安全帽，手戴绝缘手套，站在表盘前，测量。

小红手哆嗦，电线掉落到地上。她表情着急，头上流汗。

张二嘎走过来，帮小红将测量仪器开关打到合适位置：测电流时，就要把这个开关打到电流按钮上。

小红点头，眼里流露出感激。

张二嘎拿起仪器，放到表上：测量相位角时，一定要注意夹角，你看，仪器上如果这样显示，证明就是正相序，也可以用相序仪器来测。

张二嘎将仪器递给小红：你来试试。

小红测试，张二嘎：不要着急，要慢慢来。这样。

小红：看不出来，你还挺有一套。

张二嘎：想不到哥们还有这两下子吧!

小红：说你胖，你就喘上了。

张二嘎小声：小红，我想。

小红避开话题，故意打断：我再试试。

## 6. 小红家　夜　内

小红站在卧室镜子前，做“抬头、挺胸、收腹”的动作。

小红母亲推门进卧室：这大晚上的，你不睡觉在干什么呢?

小红用手推母亲坐到椅子上：妈妈，你看我做的动作规范不规范。

小红：你喊，抬头、挺胸、收腹。

小红母亲：抬头。

小红做动作。

小红母亲点头：真不错，做的真好。

小红高兴地笑了，小红母亲：这下该睡了吧？

灯黑。

黑暗中，小红躺在床上口里念念有词：抬头、挺胸、收腹。

小红母亲声音朦胧：别累着了，赶快睡吧。

## 7. 培训室　夜　内

张二嘎、小红，两人坐在课桌前。王大虎站在讲台上。

王大虎：从今天起，我们班开始利用晚上这段时间集训，一个月后我们检验成果。

张二嘎捂着头：班长，我头疼。

王大虎盯着二嘎子：二嘎子，正经点。

王大虎看所有人：我希望下次我们班在公司的专业比赛中获得好成绩。

张二嘎挠了挠头：班长，这是要拼了吗？

王大虎：我相信我们大家都是好样的。

张二嘎、小红，两人认真听王大虎讲课。

## 8. 路灯下　夜　外

张二嘎盘腿坐在灯下，膝盖上放着一本书。他嘴里念念有词，一只蚊子飞过来，趴在张二嘎的脸上，张二嘎伸手拍打。

张二嘎：这是要你爷爷的命吗？真嘛达。

## 9. 比赛场上　日　内

张二嘎、小红，两人坐在二号台上。

主持人：今天，参加比赛的有营业班的张二嘎、小红。还有计量班的海瑞、王红梅、云海。首先，我们进入必答环节，请二号桌上的张二嘎听题，国家电网供电服务方针是什么？

张二嘎站起：优质、方便、规范、真诚。

主持人：回答正确。

台下掌声。

……

主持人：好，接着我们进入抢答环节，我只要开始读题就可以抢答，国网仪容仪表服务规范。

二号台铃声响起。

主持人：好，有请二号台回答。

小红站起：一、供电服务人员上岗必须统一着装，并佩戴工号牌。二、保持仪容仪表美观大方，不得浓妆艳抹，不得敞怀，将长裤卷起，不得戴墨镜。

主持人：回答正确。

台下掌声。

…….

比赛结束，主持人：一等奖获得者是供电营业班。

张二嘎、小红激动地站起来。

## 10. 供电营业班　日　内

张二嘎、小红坐在办公桌上整理资料，王大虎走进来。

王大虎：同志们好啊。

张二嘎：班长今天心情不错嘛。

小红：班长，有什么好事啊？

王大虎：大家在这次比赛中表现不错，我先给你们一个小小的奖励。

张二嘎急切地问道：什么？什么奖励？

王大虎停顿了一下说：你想要什么奖励？

张二嘎：给我介绍个女朋友呗！

王大虎：美得你。

张二嘎：那能给我什么奖励呢？

王大虎故意拉长音说道：看——电——影——

张二嘎、小红高兴地跳起来大叫：耶——

## 第三集　态度问题

### 1. 供电营业班　日　内

供电所大厅敞开，小红坐在柜台后，正在接听电话，王二蛋推门进来，走到柜台前：我要装一块表。

小红抬眼看了看王二蛋，耷拉下脸皮，仍对着电话说：就是，他就不是个东西，光想着让别人对他好。

王二蛋脸由晴转阴：我要申请新上一块电能表，怎么骂我？

小红扯下一张用电申请单，啪的一声扔到王二蛋面前。

王二蛋两眼冒火，盯着小红：你这什么态度？说着转身走到一边，坐在休息座椅上掏出了一根烟点着猛吸了一口。

王二蛋站起来气势汹汹地走到柜台，大声说道：你为什么骂我？

小红已经打完电话，站起来说道：王师傅，怎么了？

王二蛋气愤地说：刚才，我要申请新表，你为什么骂我？

小红：没有呀！

王二蛋：你态度恶劣，必须向我道歉，否则，和你没完？

小红表情一变：我态度怎么啦？你爱装不装。

王二蛋用手拍桌子：把你们领导叫来，难道你们对客户就这态度，我要投诉你。

小红起身欲离开：你不走，我走。我惹不起，我还躲不起？

柜台上有一个杯子，王二蛋举起，朝地上砸下。杯子碎成两瓣，水流了一地。

小红怒气冲冲：你这什么态度，滚，滚出去。

王大虎推门进，用手抹着额头的汗，语气不满：小红，你这是干什么？

小红神色委屈：班长，他无理取闹。

王二蛋：好，你来的正好，你来评评理，今天我来是想给我新装修的家里上一块表，我来了以后，对这位同志连说了好几遍，可她待理不理，对了，她还骂我不是个东西，今天，她必须向我道歉，否则，我和你们没完。

小红：你是恶人先告状啊，我什么时候骂你不是个东西了，我是在和别人说话。

王大虎阴着脸：你和谁说话？

小红声音变低：我，我在打个电话。

王大虎拉长脸：我们的服务怎么要求的？

王二蛋：我要把这件事向报社反映。

王大虎：王大哥，别着急，我们去休息室里说，我保证把这件事情处理好。

王大虎拽王二蛋的胳膊，进休息室。

**2. 培训室　日　内**

王大虎：时代在发展，服务要跟上，今天的这个培训，主要针对我们工作过程中一些服务理念上的错误，希望大家好好学，深刻反思自己工作中有什么不合规的地方，其实，我们应该清楚，为人民服务是我们永恒的主题。

王大虎说着用余光看小红。小红脸红，低头。

张二嘎站起身，敬礼：谨遵领导指示。但是，我们不能让自己的同志受委屈，班长，你说对不对？

王大虎：我们绝不会冤枉一个好人，但是，我们一定要从自身上找问题。行了，这次培训结束时是要考试的，好了，大家坐好，我们开始上课吧。

张二嘎吐舌头，做了个鬼脸。

王大虎：同学们早上好！

张二嘎、小红：班长早上好！

王大虎：以后要喊老师早上好，我们这是培训，不是工作。

王大虎：今天，我和大家分享的课程是如何实现服务零投诉。我相信在座的各位肯定对今天的营销服务有着很深的感触，作为服务于客户前沿的营业厅，其中的酸甜苦辣咸大家应该都感受过。

小红嘴里小声嘟囔：何止酸甜苦辣咸，还有疼。

张二嘎捂着肚子，装作疼。小红扑哧笑了。

王大虎沉下脸：严肃点。

张二嘎伸出舌头，做鬼脸。

王大虎：这位同学的表情非常丰富，可是当我们接待客户的时候，表情应该是微笑，以露出8颗牙齿为宜。

张二嘎龇着牙：8颗牙齿，是这样么？

王大虎盯着张二嘎的脸：张二嘎，你能不能好好听老师讲课？

张二嘎：这要学以致用嘛，这么严肃怎么学得进去，是不是？

小红小声：二嘎子，听班长讲，不，听老师讲。

张二嘎吐了个舌头，静了下来。

### 3. 供电营业班　日　内

王二蛋一瘸一拐走进营业厅，小红急忙从柜台后面的椅子上站起身跑了过来。

小红：王师傅，你要办理什么业务？

王二蛋诉苦：哦，我想把我上次办的那个户换个名，你不知道啊，小同志，我孩子的爷爷过世了，我得把他的户名转到我儿子的名下，可是，你看我这行动不方便。

小红拿着一张更名过户申请单，双手递给王二蛋。王二蛋接过，表情惊异。

小红脸红：王师傅，你把这个申请单填一下。

王二蛋拿起笔写：这儿是这么填么？

小红用手指着申请单：嗯，在这儿要填原来的户名，这儿填新换了以后的户名。

王二蛋低头，认真填写。

小红翻王二蛋带来的资料：师傅，你提供的这个资料有些不合规，你看，这没法证明他们是爷俩。你看这样行不行，你去派出所开个证明。

王二蛋脸色不悦：你看我们都姓王，这还能有假啊？

小红：是是是，不过，手续上得完善。

王二蛋：行，今天，你这位小同志态度不错，好了，我打个电话问问。

### 4. 派出所　日　内

王二蛋面红耳赤，指着户口本和派出所办事人员争执。

### 5. 供电营业班　日　内

墙上时钟指向五点，小红整理桌子，关灯，走出营业厅，正在锁门，王二蛋走进。

王二蛋：还好，还是你这位小同志，我今天去派出所，费了好大劲，人家就是不给开，人家说这户口本就行。

小红：王师傅，那手续必须齐全。要不，明天，我抽空和你一起去趟派出所。

王二蛋脸色不悦：安块表这么麻烦？这让我们老百姓怎么活？

小红微笑：不符合规定就是不行。上次，我妈家想安一块表，因条件不符合，都没给她装呢！

王二蛋疑惑：真的？我以为你对我有意见，故意刁难我。

小红：哪能呢，我们乡里乡亲的。

王二蛋：我在外面跑采购挣了些钱，回来准备搞厂子了，看来这事还不好办呀！

小红：我给你出个主意，你就以你的名义重新申请，新开个户，我们可是一站式服务。

王二蛋表情惊异：真的？

小红肯定点头：真的。

王二蛋：那我回去抓紧筹备。

### 6. 城南纸箱厂　日　外

纸箱厂工地，多名工人在忙着干活。

王二蛋：大家加紧干，供电局说是一站式服务，一通电我们就可以开张了。

### 7. 供电营业班　日　内

王二蛋手里拿着一沓材料站在柜台前，小红接过资料认真地看着。

小红边看边说：身份证、营业执照……

小红走出柜台，在饮水机上接了一杯水递给王二蛋说道：王总，你稍等片刻，我马上录入电脑。

王二蛋坐在休息区的椅子上，边喝水边看营业室的环境，不时地点点头。

小红站起来喊道：王总，请您来签个字。

王二蛋站在柜台前：这是什么？

小红：这是用电申请审批表，请您签字确认。

王二蛋迟疑了一下就签了。

小红接过表说：王总，手续办完了，您就回家等候吧，随后我们提供一站式服务，保证3个工作日内完成所有作业。

### 8. 班长办公室　日　内

王大虎桌上摊着一张图纸，张二嘎站在一旁。

王大虎：明白了吗？

张二嘎：明白了。

王大虎：完成送电任务有信心吗？

张二嘎：有！

王大虎：好，我就静等佳音！

### 9. 城南纸箱厂　日　外

王二蛋将城南纸箱厂牌子挂在大门口，鞭炮响。

张二嘎站在表盘前，抄电能表上的指示数，王二蛋在身后，满意点头。

## 第四集　师徒帮带

### 1. 供电营业大厅　日　内

乡镇供电所营业大厅，大厅干净整洁。王大虎走进营业大厅，身后跟着一个年轻的男孩，男孩脸上布满阴云。

张二嘎、小红坐在办公桌后。

王大虎对张二嘎和小红：同志们，告诉大家一个好消息，公司给我们班分来了一位大学生，大家欢迎。

众人拍手。

大学生怏怏不乐地坐进办公桌。

张二嘎走到男孩面前：单位给我们发福利了，竟然分来了一位大学生，小朋友，你叫什么？你能帮我看看电脑么？

男孩没抬头。

张二嘎脸色诧异：耳朵不好使啊？怪不得。

男孩猛抬头，用愤怒的眼神盯着张二嘎：你的耳朵才不好使呢。

众人面面相觑。

王大虎用手示意大伙不要说话。

## 2. 供电营业班　日　内

张二嘎蹲在地上，满头大汗，电脑屏幕漆黑一片。张二嘎将求救的眼神投向大学生。

王大虎走过来：小元，你帮张二嘎看看他的电脑哪里出故障了？

小元不高兴：我不会。

大伙悄声议论。

客户甲抬起胳膊看表：你们能不能快点啊？

王大虎看着小元：小元同志，你可是计算机专业毕业的。

小元：计算机专业毕业怎么啦？我不会，不行啊？

张二嘎：现在的大学生怎么都这样啊？真嘛达。

王大虎用手示意张二嘎不要说话。

王大虎耐心：小元，你还年轻，既然把你分到我们这个营业班，你就应沉下心来好好干。

小元脸上不屑一顾：凭什么把我分到营业班，我堂堂计算机系毕业的，把我分进供电所，而那些二流学校毕业的学生，怎么竟然都进了机关？不就是有关系么！

王大虎语重心长：其实，分到基层并没有什么不好，基层能够学到很多他们学不到的知识，只有基础扎实，才能进步快。

小元怏怏不乐，起身帮张二嘎整治电脑。

### 3. 小区　夜　外

小元提着礼品走进某小区，到某单元楼下摁单元门铃。

小元：是张主任家么？

单元屋内：你摁错了。

张二嘎骑着车从小区外过来。小元看见，急忙躲进了树丛。张二嘎推着自行车进楼。小元捂着胸口长长吐了一口气，从树丛中走出，重新走到单元门口，伸出手正要摁门铃，张二嘎推门走出，看见小元。

张二嘎：小元，你怎么在这儿？

张二嘎看见小元手里的东西，若有所思。

小元脸色微红，神色尴尬：二嘎哥，我想问一下张主任的家在哪？

张二嘎：就在这层的 701 啊。

小元自言自语：那对着啊，他怎么说不是呢？

张二嘎恍然大悟：哦。

小元掩饰：没什么，我还有事，我先走了。

张二嘎看着小元背影若有所思。

### 4. 供电营业班　日　内

张二嘎、小红、小元在自己的办公桌前忙碌。

小元桌前电话铃响。小元接起，脸上不知所措。

小元将求救眼神投向张二嘎：二嘎哥，你来一下。

张二嘎走到小元身边：怎么啦？

小元：有个用户问，他们厂想办理报停手续，问需要哪些资料？

张二嘎：这简单，你告诉他，让他准备报停设备的资料信息，时间，全部都要说清。

小元小声：可是，他还问报停了，他们执行容量合算，还是需量合算？

张二嘎：这就要了解他们报停后设备的最大负荷了。

小元眼神佩服：哥，带带我好吗？

张二嘎拍着小元肩膀：兄弟，没问题，你明天跟着哥先去现场看看。

小元抱拳：师傅。

### 5. 用户现场　日　外

张二嘎和小元走进城南纸箱厂，站在变压器面前，张二嘎用手指着设备，向小元介绍。小元不时地记录。

### 6. 装表接电室　日　内

张二嘎和小元站在配电盘前，张二嘎纠正小元拿表动作。

张二嘎：要这样，你初学，一定不要着急，慢慢来。

小元接电：师傅，是这样吗？

张二嘎：是的，你学得真快！到底是大学生，就是不一样。

小元脸红：师傅，你千万别这么说。你值得我学习的东西还很多。

张二嘎拍小元肩膀：不着急，慢慢来，你师傅我可不是吃素的。

小元点头：那我这次评高级工程师肯定没问题。

张二嘎：那当然了，你不看你师傅我是谁？只要你好好练，肯定没问题。

小元练习。

## 7. 供电营业班　日　内

张二嘎和小红说话，小元推门走进，张二嘎和小红说话声戛然而止。

张二嘎走到小元桌前：小元，你帮我看看我的电脑怎么啦？

小元起身，语气干脆：行，我来看看。

小元整治电脑。

小红端来热水，递给小元：小元，你喝口水再弄。

张二嘎连连点头：对对对，不着急，你喝口水再弄。

小元抬起头看着张二嘎和小红，眼里有些感动。

小元的脸上都是汗水。

电脑屏幕显示好了。

张二嘎拿来一条毛巾：小元，看把你热的，擦擦。

张二嘎用纸当扇子给小元扇风。

王大虎端来切好的西瓜：小元，辛苦了，赶紧过来歇一会，吃口西瓜再干。

张二嘎：班长，小元把我的电脑已经修好了。

小元眼神感动，深深地鞠一躬：你们对我这么好。

## 8. 考试教室　日　内

小元在表盘前熟练地操作，监考老师微笑、点头。

小元在纸上迅速地写着，交卷，走出教室。

### 9. 张二嘎家　夜　内

小元提着礼品，推门进张二嘎家。

张二嘎：小元，你这是干什么？

小元：师傅，我来谢谢你。

张二嘎：坐坐坐，你和师傅这么客气干啥？这都是师傅应该做的。其实，还是你努力的结果。

小元：这次，在我们这批同学里，我的考试成绩最好。

张二嘎：小元，练好了本领，走到哪儿都是棒棒哒，是金子总会发光的。

小元点头。

### 10. 供电营业大厅　日　内

张二嘎推开营业大厅的门，脸上兴奋，他手里举着一张纸。

张二嘎跌跌撞撞走到小元办公桌前：小元，告诉你一个好消息，机关开始公开招聘了，你可以报名。

小元脸露喜色。

小红围了过来：小元，这是好事啊，你赶快报名，你一定行。

小元摇摇头：我决定不走了，这儿就是我最好的家。

大伙鼓掌。

## 第五集　拾金不昧

### 1. 供电营业大厅　日　内

营业大厅里交费、咨询业务的客户，人来人往。从门外走进一位女同志，她提着一个黑色手提包。

女客户：同志，我新家想上一块表，手续怎么办理？

小红取出一张表，递到女客户手里：你先把信息填写一下。

女客户将手里的黑色手提包放到柜台上，低头开始填表。

张二嘎挎着工具包推门走了进来。

## 2. 供电营业班　夜　内

墙上钟表时针指向 6 点，张二嘎起身，欲离开，他拿起工具包，突然发现自己的工具包下压着一个黑色手提包。张二嘎打开，里边装着现金 1000 元，张二嘎顿时呆若木鸡。

张二嘎疾步跑出营业班，外面空无一人，返回。

张二嘎自言自语：这是谁的包呢？

小红走进来：你怎么还没有回家？

张二嘎痴呆，未理。

小红打趣：你小子想什么呢？遇到了心仪的姑娘？

张二嘎拿起黑色手提包：我捡到了一个包。

小红：不就个包吗？有什么大惊小怪的？

张二嘎：里面有钱？

小红：钱？多少？

张二嘎：1000 元。

小红：这么多啊。

张二嘎：丢钱的人肯定急疯了，你回忆回忆，早上谁来的时候拎个黑包呢？

小红想，又摇头：人太多了，记不清了，要不，你在我们营业厅外面的墙上贴一张招领启事，那丢包的一看就会来取的。

张二嘎点头：这是个办法。真嘛达。

## 3. 供电营业班门口　夜　外

张二嘎、小红在门口墙上张贴失物招领启事。

## 4. 派出所　日　内

警察盯着张二嘎：这是你捡到的？

张二嘎点头：同志，我可是拾金不昧，你能不能给我写个表扬信。

警察盯着张二嘎：你看哪个雷锋要求写表扬信？

张二嘎眼神回避：为了这包，我可是寝食不安啊。我整天盯着招领启事，你看我的眼睛是不是都熬红了？

警察微笑：你把这包留下吧，我们找到失主后，会及时通知你们单位。

张二嘎：同志，那表扬信？

## 5. 供电营业班　日　内

张二嘎接电话：嗯，不是，里面真的只有 1000 块钱。

电话里，警察：失主说她里面是 2000 块钱，你过来一下。

张二嘎脸傻，一屁股坐到椅子上。

小红走过来：二嘎子，找到失主了？

张二嘎脸哭丧：失主说她里面是 2000 块钱。

小红跳起来：她怎么还讹人？我说这好人当不得，当不得，你就是不听，你看，你摊上事了吧，你摊上大事了。

张二嘎哭丧着脸：里面真的只有 1000 块钱，真嘛达。

小红：走，我就不相信，还有这样的人，我给你作证。

## 6. 派出所　日　内

一个身着夹克的青年男子，跷着腿坐在椅子上，张二嘎、小红推门进。

警察盯着张二嘎，严肃：包里面到底多少钱？

张二嘎：同志，真的只有 1000 块钱。

青年男子跳起：不是，我明明在包里放了 2000 块钱。

张二嘎：2000 块，我们见到就只有 1000 块，怎么，你的钱会生儿子啊？

警察转向张二嘎：同志，请严肃点。

张二嘎不服气地朝青年男子握了握拳头。

小红向前跨了一步：警察同志，我给二嘎子作证，昨天他捡到包时，我在场，当时里面就只有 1000 块钱。

青年男子：这位该不是你老婆吧，你们俩串通一起作伪证？

小红脸红：你胡说，我们是同事关系。

张二嘎猛地拍了一下脑门：走，我们走。

小红：我们还没有说清楚，怎么能走呢？

张二嘎：你忘了，我们营业班有监控，调出监控不就什么都清楚了。

## 7. 监控室　日　内

监控画面显示，一个女客户填表时，将包随手放到柜台上，张二嘎推门走进营业厅，坐进办公桌时，将手里的工具包放到了女客户的包上，女客户填完表，起身离去。

青年男子趁众人不注意想悄悄溜掉。

众人回头。

张二嘎发现：你想溜，没门。

众人挡住青年男子。

警察拍了拍张二嘎的肩膀：小伙子，好样的。

## 8. 营业厅门外　日　外

张二嘎走到营业厅门口，撞上正推门欲出的小红。

小红：二嘎子。

张二嘎：怎么，你要出去啊？

小红推张二嘎：走，我带你去个地方。

张二嘎脸上诧异：这是要去哪儿？

小红：到那儿你就知道了。

小红和张二嘎在大路上疾走。

## 9. 班长办公室　日　内

女客户双手捧着锦旗，脸上感激，推门走进班长办公室。

张二嘎、小红脸上诧异，缓缓站起。小红回过神，快步走到女客户面前。

女客户：我是来感谢你们的。

王大虎走过来：同志，这是我们应该做的。

女客户：班长啊，你是不知道，自从包丢了，可是愁死我了，先不说钱不钱的，就我那些证件……这些天，我愁得都病了。

王大虎：找到就好，找到就好。

## 10. 派出所　日　内

警察将黑色手提包递给女客户，女客户感激地连连点头。

警察：要感谢，你就感谢这位同志。

女客户：是啊，是啊。世上还是好人多啊！

张二嘎：其实，多亏了小红，是她想起了这位客户，是她带着我去找到的这位失主的。

女客户：你们每一个人都让我非常感动。

王大虎过来，将手搭在张二嘎肩膀上：小子，好样的！

## 第六集　查处偷电

### 1. 供电营业班　日　内

供电营业大厅，小元坐在办公桌后，他从桌上拿着一张用电检查单站起：嘎子哥，你看看这个。

张二嘎：这个怎么了？

小元将手里的用电检查单递给张二嘎：这是班长批准检查的客户名称。

张二嘎低头看用电检查单，眼里露出疑惑：这几家怎么了？发现了啥问题？

小元：听说这几家企业效益不好，这两年，他们的变压器一直是停来停去的。班长让我们去现场看一下，看看这些企业目前的用电状况到底怎么样？

张二嘎看窗外：可是今天天气不大好，去现场恐怕很危险。

小元也看窗外：是啊！天公不作美。

张二嘎走到墙角柜子前，取出一摞档案盒：小元，这是报停那几家客户的资料，趁着这空档，你把这些资料捋一下，这样到现场后，我们的心里就有底了。

小元接过档案盒：呃，好的。

### 2. 城南纸箱厂　日　外

城南纸箱厂大门口，门卫李叔给两条凶恶的大狼狗扔骨头。

李叔：这厂子守不守得住就靠你们呢。

两条狼狗欢快地啃骨头。

### 3. 供电营业班　日　内

小元看一眼桌上的档案，又看一眼面前的电脑。

张二嘎：小元，城南的那个纸箱厂你去过没有？

小元回过头盯着张二嘎，眼里疑惑：去过啊！怎么了？

张二嘎：你不觉得有什么不对吗？

小元摇摇头：没觉得。

张二嘎：等雨停了咱俩一块去现场看看。

小元盯着电脑屏幕，突然惊叫：嘎子哥，你看这家的数据怎么这么奇怪？

张二嘎将脸凑到屏幕前：你小子又有什么重大发现？

小元用手指屏幕：你看这儿。

张二嘎：这儿咋了？

小元语气急促：你不觉得这数据奇怪么？你看，档案里看这个厂子好像是停了，每月只用几十度的电，可是，你再看这儿，这台 100 千伏安的变压器总挂在这运行，你再看这儿，每年他们都有这么多工单。

张二嘎拍了拍小元的肩膀：不错，你能从数据里看出些名堂，证明你小子进步得还真是快。

小元：看来，这个纸箱厂的电工很懂电力法啊！难怪他们所有的手续都非常符合我们电力公司的要求。

张二嘎脸上疑惑：是啊！既然厂子这么不景气，每个月只用几十度的电，可他们厂怎么不报停呢？

小元大大咧咧：估计他们怕办手续麻烦吧！

张二嘎摇头：没你想的那么简单，看来，这个纸箱厂的电工不仅仅只是懂电这么简单了。跟上哥，你就知道什么是业务尖子了。

### 4. 小镇夜市　夜　外

张二嘎推着自行车，在街上夜市一处摊前停下。

摊主语气热情：师傅，进来坐。

张二嘎支好车子：有啥好吃的。

摊主：我家的涮牛肚是这儿的特色。

张二嘎坐下：行，先来一份牛肚，一份生菜，还有一个饼子吧。

摊主脸上洋溢着笑容：好勒，一份牛肚，一份生菜，一个饼子。

摊位上走进一个全身油迹斑斑的年轻男子（二娃），他在张二嘎对面的凳子上坐下。

二娃：老板有水么？我要洗个手。

摊主走过来热情：有，有，就来，就来。

二娃走到脸盆前：老板，有没有肥皂？

摊主：肥皂没有，有洗洁精。

二娃：好，那来点吧！

二娃狠命搓手上的污渍，张二嘎吸着鼻子，眼里露出疑惑。

摊主端来饭菜：师傅，你的饭。

张二嘎回过神：哦！谢谢！

### 5. 城南纸箱厂　夜　外

二娃叼着烟，哼着小曲，走近纸箱厂铁门外。

二娃掐灭烟头，踩到脚下，隔着栏杆：李叔，开门。

两只狼狗狂叫。

二娃：去，瞎了你们的狗眼，不认识你爷爷啊。

李叔从门房里走出来，手里拿着电筒晃动，神情谨慎：谁啊？

二娃嘿嘿一笑：是我，李叔。

李叔撩开衣衫取出钥匙开门：你怎么这会儿才回来，赶紧，老板刚才过来了。

二娃：老板今天怎么来了？

李叔：你赶紧过去看看。老板不高兴，你可是吃不了兜着走。

二娃迅速闪进门，朝厂区里面跑过去。

张二嘎尾随其后，推着自行车，他看着二娃远去的身影若有所思。

两只狼狗突然“汪汪汪”又狂叫起来。

从门房里传来李叔的声音：谁啊？

张二嘎骑车急忙离开。

## 6. 供电营业班　日　内

张二嘎：小红，你把城南纸箱厂的电费明细账拿给我看一下，真嘛达。

小红停下手上的动作，抬起头，眼神疑惑：哦，你要它们干什么？

张二嘎脸上不自然：嗯？啊！

张小红：怎么了？

张二嘎突然热情起来：小红同志，最近，我们要搞一次大普查活动，你也得参与哦！

小红微笑：你叫我，我就去。

张二嘎：你把那条线上所有客户的明细都给我。

小红打趣：你早这样说，不就得了。

打印机打印着电费明细。

## 7. 供电营业班　日　内

张二嘎坐在桌前翻看资料，面色沉重。小元推门进来。

小元经过张二嘎身边。

张二嘎把手上的资料递给小元：小元，你看看这些数据。

小元接过，眼神疑惑：怎么啦？

张二嘎：你再仔细看看，城南纸箱厂。

小元：你去了纸箱厂？

张二嘎：算是吧，你先看看再说。

### 8. 城南纸箱厂　日　外

用电检查车由远驶近，刹车。

张二嘎和小元下车。

张二嘎在铁门外：师傅，开开门。

门卫李叔从值班室走出：谁啊？

张二嘎掏出用电检查证：您好！师傅，我们是电力公司的，今天对你们厂的设备用电情况检查一下。

李叔口气虚：哦，电力公司的啊，这两年我们厂子一直不景气，这不，停产着呢。

张二嘎：师傅，就是停产，我们也得按规定检查一下你们的用电情况。

李叔口气迟疑：那我得给厂里电工打个电话，小伙子，说实话，我只是个看门的，我做不了主。

张二嘎：师傅，您给电工打个电话吧。

二娃骑着摩托车过来，刹车，跳下。

二娃：哎哟！是张工啊！你好！你来怎么也不提前说一声啊？这位是？

张二嘎指着小元：这是我们电力稽查部门新来的小元。

小元伸出手：你好。

二娃慌张地抓住小元的手：你好。

张二嘎：二娃，咱们说正事，我们今天来是检查一下你们厂的用电情况。

二娃神情讨好：我明白、明白。

小元故意打趣：你们厂这个看门的老师傅真是负责啊，你要是不来，我们根本就进不去。

二娃朝李叔挤了挤眼：李叔，打开门吧！张工他们都是自己人。

李叔为难：可是，王老板他……

## 9. 供电营业班　日　内

小元：嘎子哥，城南纸箱厂这一趟也没有发现什么问题啊。

张二嘎表情遗憾：是啊！两台变压器都停着，铅封也好好的，表面上看来是没有什么问题。

小元：可是?

张二嘎：这里面肯定有猫腻，只是咱们还没能查出来罢了。

小元：我也觉得不对劲。

张二嘎：你发现了什么?

小元：这是我刚才从客服中心提供的记录上看到的信息。你来看，这是他们厂这三年来办理的报停手续，还有，你看他们的用电量，三年里总共才用这么一点点。既然效益这么不好，三年，他完全可以办理永久性减容手续，这样对他们来说，电费会少很多，可是呢?既然厂里停业，但厂里的那个 100 千伏安的变压器却老挂着，单带一个门房，那多不合算啊！看来，他不想让整个大电全停啊！我们晚上突击检查一下。

张二嘎：好，我们再去一趟，我就不信这个邪了。

## 10. 城南纸箱厂　夜　外

用电检查车开到纸箱厂，张二嘎、小元来到大门前。

两只狼狗狂叫。

李叔披着衣服，拿着手电筒，嘴里嘀嘀咕咕。

张二嘎出示用电检查证：我们要进你们厂里检查一下。

李叔神情惊悸，手里的电筒咣当掉到地上：你们不是下午才刚来过吗？这大晚上的，检查什么呀？

张二嘎：师傅，请您开门。

李叔神情紧张李叔神情紧张李叔神情紧张李叔神情紧张李叔神情紧张

李叔神情紧张，头朝厂区张望：那你给二娃打个电话吧！我不能擅自开门，这是我们的纪律。

背景隐隐约约传来轰隆隆的机器响声。

李叔神情作难：我就是个看门的，没有这个权力啊！

小元：你这样做是阻碍执法，是要负法律责任的。

李叔头冒虚汗：那我给二娃打个电话吧。

小元对着张二嘎小声：要是他说二娃手机关机怎么办？

张二嘎：没事，王二蛋的电话我有。

李叔故意放大手机音量：二娃手机关机了。

张二嘎朝小元会意一笑：王二蛋恐怕也关机了。

二娃骂骂咧咧从厂区里跑出来。

二娃：李叔，怎么回事，狗怎么叫得这么凶呢？发生什么事了？

李叔着急：哦！没事、没事，你快回去！

二娃看见张二嘎和小元他们，一时呆住了。

李叔为难地看着二娃，声音有些颤抖：我真不知道他晚上还在厂里。

二娃捂着肚子，迅速往回跑：哎哟！我肚子疼死了。

张二嘎用手示意小元：快，跟过去。

张二嘎和小元撞开大门，朝厂区跑过去。

### 11. 城南纸箱厂　夜　外

厂区里高压线下，一台拖拉机上堆放着一台变压器，厂房里，造纸设备热火朝天转动着。二娃手忙脚乱地去关设备的电源开关。老板王二蛋急匆匆地跑了过来。

王二蛋抹着脸上汗渍：张工，你们来了，走走走，咱们去办公室说，这儿光线不好。

张二嘎指着运转的变压器：王老板，你这是怎么一回事？

王二蛋亲热地拉起张二嘎的手：走走走，去我办公室说。

张二嘎：我们这是执行公务，咱们就在这儿说。

王二蛋从怀里掏出钱，悄悄塞到张二嘎手上。

张二嘎义正词严：王老板，这是干啥？

张二嘎拿出处罚单：你先把电停了，王老板，来，你把字签上，明天到电力公司来一趟。

王老板低下头，厂房里急匆匆跑出一个工人。

工人神情慌张：王老板，不好了，二娃被电打了。

王二蛋：什么？二娃电着了。

工人：是，王老板，已经不省人事了。

张二嘎：快，先救人。

王二蛋蹲在地上，捶胸顿足，张二嘎跪在二娃身边急救。

## 第七集　成人之美

### 1. 供电营业班　日　内

张二嘎西装革履，头发油光可鉴，步态轻盈地推门，进营业厅。

小红：太阳打西边出来了，今天怎么收拾得人模人样？

张二嘎：看看哥们这颜值，那是打着灯笼都难找的啊，要不你给我当媳妇算了。

小红嗤笑：少贫嘴，就你这颜值？太高了，上了街，哗啦一声，都被吓跑了。

张二嘎：你能不能留些嘴德，今天可是关乎着哥们的终身大事，说点好听的。

小红：哼，听说这个女的是咱班长王大虎的表妹，你可得表现好了，不然，班长饶不了你。

张二嘎：俺这身价，如今可不是当初了，管着几百号人呢。

小红抿嘴笑：群主吧。

张二嘎：群主也是主啊。

王大虎走了过来：别在这儿贫嘴了，我们走吧。

张二嘎对着小红做了个鬼脸：等着哥们的好消息吧。

张二嘎和王大虎走出营业厅。

## 2. 咖啡馆　日　内

张二嘎掏名片，脸上恭恭敬敬：这是我的名片。

汪霞接过：你？

张二嘎挠头：我，我岁数是不小了。不过，人幽默风趣，体魄矫健，性情宽厚，偶尔习武，情趣雅致，温润如玉，创新天赋卓越，踏实肯干，追求周全效率，生活简朴，但爱好浪漫。

汪霞捂着嘴笑：嗯，蛮好的嘛。

张二嘎：我要找到同样才干卓越的事业爱侣，能欣赏我，能爱我，能携手创造绮丽卓越或者有价值的事业，能相伴一辈子，能相携远行探究乡土工艺和美食，能手拉手逛街，跳广场舞，养花草鱼鸟，猫狗相依偎，静心品读音乐，逗趣谈笑，相伴孩子快乐成长的女子。

汪霞：条件蛮高的嘛。

张二嘎着急口吃：哦，不，不是，不，不是，我的意思是。

汪霞：我虽说风华正茂，可眼皮子浅。不过，我有干净的习惯，衣服肯定一天一洗，每天洗澡不说，我不能接受身后打喷嚏，我卧室的床单不许别人碰，拿过钞票后，要立刻洗手。

张二嘎：家干净点是好，可没必要如此大动干戈吧？

汪霞：我觉得接吻恶心，我的手别人不能碰。

张二嘎伸出手，又缩回：镜中花，水中月，烟消云散于无形，手不能碰。我记住了。哥们，我先走了。

### 3. 供电营业班　日　内

张二嘎走进营业班，神情垂头丧气。

王大虎走上前，关切：怎么样，我的表妹小汪长得漂亮吧？

张二嘎撅着嘴：漂亮是漂亮，可是只可眼看，不可近观。真嘛达。

小红走过来：是不是特别漂亮？

张二嘎盯着小红：我看啊，她还没你漂亮，什么我有干净的习惯，衣服肯定一天一洗，每天洗澡不说，我不能接受身后打喷嚏，我卧室的床单不许别人碰，拿过钞票后，要立刻洗手，你说那是人吗？

小红扑哧笑：女孩爱干净还不好啊？你就挑吧。

张二嘎：要是你，我就不挑了。

王大虎眼睛一亮，悄悄地拽了拽张二嘎的衣角：二嘎子，你过来一下。

张二嘎：怎么了，神神秘秘的。

王大虎：你看小红怎么样？

张二嘎：好着呢，可是人家看不上我啊！

王大虎故意脸一沉：所以啊，你要努力。

## 4. 供电营业班　夜　内

王大虎、张二嘎、小元、小红整理柜台，准备下班。

王大虎：好了，大家辛苦了，今天我请大家去吃烤肉。

张二嘎欢声雀跃：班长今天开荤了，我的个妈呀，随便点么？

王大虎：那当然了，记住不能喝酒。吃完饭，我们一起看电影。

张二嘎用手比画：无酒不成席，我就喝一点点。

王大虎：就你话多。

几个人出门。

## 5. 广场　夜　内

王大虎推张二嘎，张二嘎不好意思地坐到小红身边的位置上：二嘎子，你坐这儿。

张二嘎神态不自然，小声：班长。

王大虎小声：你平时的勇气都去哪了？

张二嘎别别扭扭地坐到小红身边。

王大虎眼神示意：二嘎子，给小红取个烤脆骨。

张二嘎：班长，来瓶啤酒行么？

王大虎一幅恨铁不成钢的样子：你呀！

张二嘎抬头猛地喝了一口酒，鼓足勇气：小红。

小红不解：怎么啦？

张二嘎急忙摆手：没啥，没啥。

## 6. 电影院　夜　内

王大虎悄悄塞给张二嘎两张票：我家里有事，今天我就不进去看了，赶明我再和大伙一起看。

王大虎用眼神示意小元离开。

王大虎：对不起，对不起，你嫂子打电话了，今天也是哪儿也不能去了。

小元拍了一下脑门：哎哟，我怎么忘了，我妈让我去我奶奶家取个东西，你说，我怎么把这事给忘了，对不起，嘎子哥，今天我也不能去了。

小红：你们有事都不看了，那我也不看了。

王大虎用眼示意张二嘎。

张二嘎脸红：来都来了，怎么说走都走了。

王大虎对着小红：我们真的有事，你看票都买了，白白浪费了。

小元用手推张二嘎：嘎子哥，快去吧。

张二嘎和小红并肩走进电影院。

电影场里灯，黑了下来。

张二嘎扭脸偷看小红，小红眼睛盯着屏幕。

张二嘎伸出手，欲抓小红手。小红抬手撩了撩头发。

张二嘎鼓足勇气：小红。

小红扭头：嗯?

张二嘎：没事，没事，看电影。

## 7. 小巷　夜　外

张二嘎和小红并肩走在小巷路上。

张二嘎：小红。

小红抬起头：嗯。

张二嘎：我。

小红：怎么啦？

张二嘎鼓足勇气：我，我真的一直喜欢你。

小红笑：你少拿我打趣。

张二嘎脸红：唉，原来身边有这么好的姑娘，我还去相什么亲，以后，你织布来我耕田，我们在电力事业上你追我赶。

小红笑。

小偷鬼鬼祟祟靠近小红，一把扯过小红手上的皮包，跑掉。张二嘎追，和小偷搏斗。

## 8. 供电营业班　日　内

张二嘎手舞足蹈地走进了营业班。王大虎和小元在电脑前。

小元：嘎子哥，什么好事这么高兴？

张二嘎作揖：小元同志，我今天要宣布个特大事件。

小元脸变色：出什么事了？

张二嘎叹口气：我实在是不想把这件事告诉你们，我害怕大伙伤心啊。

小元上前，神情紧张，他拉住张二嘎胳膊：嘎子哥，怎么了？

张二嘎故意：我，我。真嘛达。

王大虎：二嘎子，你又在装神弄鬼？好了，告诉大家一个喜讯，张二嘎要结婚了。

小元拳头打在张二嘎身上：吓死我了。我还以为地震了呢？

张二嘎：这难道不是地震般的消息么？

小元装作欲倒地：我被震晕了。

# 第八集　见义勇为

## 1. 银行大门　日　外

银行门口，人来人往，赵二婶提个包包从银行大门走出，双手不自然地把包抱在胸前。一歹徒贼眉鼠眼尾随在赵二婶身后。

## 2. 大街上　日　外

赵二婶表情害怕。一个姑娘走过来。

赵二婶：小梁，你这是去哪儿？和婶一块走吧。

姑娘看着赵二婶：神经病吧？

赵二婶回头偷偷看，歹徒不近不远跟着她。

赵二婶面色苍白，回头慌张地四处看有认识的人么。

一个中年人走过来，赵二婶：哎。

中年人急忙躲避走开。

## 3. 供电营业班　日　内

赵二婶抱着包，气喘吁吁跑进营业班，张二嘎从柜台后面走出。

张二嘎：二婶，怎么啦？

赵二婶抓住张二嘎的手，语气急促：我从银行出来，发现有个年轻小伙子一直跟在我的身后，我怕得不得了。

张二嘎伸头看门外：谁，光天化日之下，竟然这么胆大？

小红站在柜台后，声音惊慌：我们报警吧？

张二嘎：怕什么？待我会会他们。

赵二婶：我看见他鬼头鬼脑地躲进了隔壁饮食店。

张二嘎：他躲了初一，躲不过十五。

赵二婶：还是小心点，他们人多。

小元端水过来：二婶，你喝点水，等我们下班了，我们送你回去。

赵二婶：谢谢小伙子。

## 4. 小巷　日　夜

张二嘎、小元和赵二婶走在小巷的路上，歹徒尾随其后。

歹徒手持尖刀，声音恶狠狠：站住。

赵二婶抖索。

歹徒：你这个臭小子今天想坏老子的好事。

张二嘎：二婶，你快点走。

歹徒朝张二嘎扑过来。

张二嘎摆出姿势：来啊！

张二嘎与歹徒甲、乙搏斗。

赵二婶抱着包慌张离开。

远处响起了警报的声音，歹徒仓皇逃窜。

张二嘎负伤。

## 5. 医院　日　外

一群人把张二嘎抬上救护车。

张二嘎颤巍巍举起手：二婶没事吧。

王大虎：没事。

张二嘎闭住眼睛，晕倒。

众人推着急救车跑向急救室，急救室外灯红，众人在门外，神情着急。

急救室灯灭，医生从急救室出来。

王大虎：医生。

医生：还好，送得及时，没有生命危险。

众人松了一口气。

## 6. 供电营业班　日　内

小元手里拿着报纸，报纸上刊登着张二嘎救人事迹，王大虎推门，进。

小元声音兴奋：班长，张二嘎上报纸了。

王大虎：小元，不是我批评你，这事，你应该汇报一下。

小元噘嘴：我当时建议了，他不采纳，我有什么办法？就像我每年提的合理化建议，你有一条采纳吗？

王大虎：行了，明天我们一起去医院看看二嘎子，这次，他可是捡了一条命。

## 7. 医院病房　日　内

张二嘎头上包着白纱布躺在病床上。

王大虎：二嘎子。

张二嘎起身比画：班长，你看我好着呢？我左一掌，右一掌，就把他们打跑了。

张二嘎疼得吸溜了一下嘴，跌倒在床上。

王大虎：就你嘴硬，小红怀着孕，你能不能让她省点心。

张二嘎脸红：我错了，我下次改不就完了。

王大虎拉长脸：还有下次啊，这次是你命大。

张二嘎：没有下次了，坚决不会有下次了。

王大虎：好了，你安心养病，我们走了，班里还一大堆事呢？

王大虎、小元起身走出病房。

### 8. 供电营业班　日　外

一群人敲锣打鼓到营业班门外，赵二婶手里拿着锦旗。王大虎跑出门。

赵二婶：王班长，多亏了你们班的二嘎子，我的钱才没有丢一分。

王大虎：二婶，这是我们应该做的。

张二嘎头上裹着纱布从远处走近。

王大虎看见，走到张二嘎身边：你不在医院好好养伤，你怎么来上班了？

赵二婶：就是，听班长话，你可得好好养伤啊！

张二嘎：这么一点小伤，没事。

小红挺着大肚子，慌慌张张跑来，哭声：二嘎子，你怎么啦？

张二嘎扶住小红：你怎么来了？你身子不方便。

小红：你还要瞒我瞒到什么时候?

王大虎：小红，没事，二嘎子就是有些脑震荡，我们没有告诉你，是怕影响到你的身体，二嘎子，你和小红先回去。

张二嘎扶着小红离开，身后响起了锣鼓声。

王大虎看着张二嘎和小红远去的身影，神态若有所思：看来，我们得创新我们的服务方式了。

## 第九集　创新服务

### 1. 供电营业班　日　内

供电营业厅里人来人往，小元坐在营业柜台后，一位气度不凡的中年老者走进营业厅。

老者：同志，我交费。

小元：您的单号。

老者：什么单号？

小元：就是您家的电费单号。

老者：不清楚。

小元：那您能告诉我一下户名吗？

老者：不知道。

小元：地址呢？

老者：说实话，我什么都不太清楚。

小元不高兴：那我就没有办法帮您了。

老者：我看你的桌上有着水渍，桌签摆的也不整齐，你说，你服务能好吗？

小元不高兴：这和我的服务好坏有什么关系？

老者笑：从你的桌上，我就可以得出结论，你的服务上还存在很多不足。

后面客户：你们能不能快点啊？

王大虎进门，小红将他拉到一边嘀咕。

王大虎急忙上前邀请老者：老师傅，您请坐。

老者走进王大虎办公室，两者低声交谈。

## 2. 电力营业厅　日　内

张二嘎满头大汗走进营业厅，迎面撞在了身穿名牌的年轻客户身上。

张二嘎：对不起。

年轻客户：哎哟。

张二嘎：先生，先生，你没事吧，有没有摔着？

年轻客户：你把我都撞晕了，你说有事没事？

张二嘎：对不起，对不起。我不是故意的。

年轻客户：什么不是故意的，我看你就是有意的，我这一身衣服好几千块，撞坏了，你赔得起吗？

张二嘎：对不起，对不起，我真的不是故意的。

年轻客户：今天真他妈倒霉，业务办理不了，还被个愣头青撞了。

年轻客户拍了拍衣服，转身欲离开。

张二嘎疾步跟上年轻客户：您好，请问您办理什么业务？

年轻客户眼神狐疑：人太多，排都排不到跟前，怎么，你能帮忙？

张二嘎：你说说。

年轻客户：我们需要办理变压暂换（临时更换大容量变压器），可是，你看我来了这么长时间也排不到跟前，算了，我明天再来。

张二嘎：哦，你的这个业务是比较麻烦。

年轻客户白了张二嘎一眼：你这不是废话嘛。

年轻客户转身离去，张二嘎看着客户远去的身影，陷入沉思。

### 3. 供电营业班　日　内

王大虎：我本以为我们的服务不错，可是，看来我们的服务还存在诸多不如意的地方。

小元：现在这客户被惯得越来越难缠。

张二嘎：又怎么啦？

王大虎：我们的“你用电 · 我用心”，我们承诺业务办理不超过 20 分钟，看来还是有些落伍，我们得创新啊。

张二嘎：怎么创新？

王大虎：希望大家集思广益，有什么好的方法大家都提一下。

## 4. 会议室　日　内

王大虎、张二嘎、小元围成一圈坐在会议室桌前。

王大虎：从上次张二嘎手上的事情上，我发现我们的服务中存在很多不足之处，比如，没有预警意识，缺乏主动服务意识，柜台服务滞后。

张二嘎对着小元挤了个眼。

王大虎：我觉得我们不能这样一成不变按照传统的工作模式走下去，我们必须创新，创新的前提是我们首先要了解客户的需求，好了，明天，二嘎子、小元，我们一起走访一些大客户，了解了解他们对我们的服务有什么新要求。

众人探讨，议论纷纷。

王大虎：好了，我们今天就到这里，散会。

众人起身离开。

## 5. 城南纸箱厂　日　外

王大虎、张二嘎、小红走进城南纸箱厂大门，王二蛋急忙跑上前抓住王大虎的手。

王大虎：王老板，我们今天……

王二蛋：王班长，我们如今可是规规矩矩用电啊，不信，我领你们到现场。

王大虎笑：王老板，我们今天来做一项调研。

王二蛋：调研？

王大虎：是啊，我们听听你对我们的服务还有什么要求？

王二蛋诚惶诚恐：好着呢。好好好，我们去办公室里说。

王大虎、张二嘎、小元跟着王二蛋走进挂着总经理牌子的办公室。

## 6. 供电营业班　日　内

王大虎、张二嘎、小元推门，进。

小元将手里的包扔到沙发上，疲惫地倒在椅子上：累死我了。

张二嘎走过来：这出去了一上午，怎么样?

小元：还得想想。

张二嘎：还用去用户那儿调研，我告诉你一个方法，我们建个 APP 不就完了，用户想办理业务，自己先把资料填一下，到了我们这儿来之前，我们就已经了解了所有信息，这样速度不就快了。

王大虎正欲推门进自己办公室，听见，折过身，看向张二嘎：二嘎子，你过来一下。

张二嘎对着小元努努嘴，指了指王大虎的门：叫我?

小元：快去吧。

张二嘎走向王大虎办公室，王大虎和张二嘎讨论。

## 7. 城南纸箱厂　日　内

张二嘎、小元坐在王二蛋办公桌前。

张二嘎：王老板，你不是要办理增容手续吗?

王二蛋：是啊，是啊，效益不错，这负荷不够用，可是办理太麻烦了。

张二嘎：王老板，我们给你带来福音了，我们开发了一个 APP 软件，我们在你这儿试用一下，你把你要申请的信息填进去，我们在我们班里就看到了，等你过去的时候，我们只要核对一下资料就好了。

王二蛋脸上惊异：如今这科技真是越来越发达。

几个人在手机和电脑上摆弄，填资料。

## 8. 供电营业班　日　内

张二嘎、小元，在柜台里忙碌。

年轻客户脸上高兴：这多好啊，我扫了二维码，信息你们就都知道了，这不快多了吗？

张二嘎笑：是啊！

年轻客户伸出手：谢谢你，我以为今天我还要等好长时间才能办理完。

张二嘎：其实，还要感谢您，是您让我们开拓了思维，想到了这个好办法。

客户们有次序办理业务，脸上表情满意。

## 9. 营业大厅　日　内

张二嘎衣着笔挺，嘴带扩音器。一行人随着他的介绍参观创新的 APP 服务项目，众人边走边看，点头，称赞。

## 10. 营业大厅　日　内

王大虎站在记者举着的话筒前，脸上满面春风。

记者：王大虎同志，听说你们创新的 APP 服务模式大大地缩短了为客户的服务时间，你是怎么想到这个主意的？

王大虎微笑：这要感谢客户对我们服务的抱怨，正是由于他们的抱怨，才使我们不断提高服务水平。在没有使用 APP 以前，客户过来办理业务，需要填单、咨询、交接，时间都浪费在这些琐碎的事情上了，现在我们的这个 APP 可以使工作时限缩短三分之二。

一位客户走到记者面前：我能说两句吗？

记者将话筒举到客户面前：当然可以，您的意见才是最终评判。

客户：今天，我来是想换一张表，我一到这儿，手续早就办好了，我只要回家等着就行了，真好，这样的服务没啥说的！

记者拿着话筒，指着墙上的“优秀供电营业班”说：金杯银杯不如老百姓的口碑，通过今天现场实际采访，我们真切地感受到了电力营业部的服务是一流的，老百姓是满意的。

# 明净

# 明　　净

荆永万 | 国网阳泉供电公司

## 1. 某小区花园　夜　外

华灯初上，霓虹闪亮。车流、街景、夜店。

夏夜的街心花园内一群男女老少在尽情、欢快地跳着广场舞，跳跃着律动在煞有温度的夜。

树影，路人。

花园旁的曲径处，一位男士手机拨号：喂！杨局吗？我是前几天去公司申请办理增容的刘明啊！对对！是阳五高速项目部的。下午去您单位，不巧您在开会啊。怎么？现在您回家了吗？真是辛苦啊！这么晚了还在工作。哦！哦！太谢谢了，这么快就给我们安排了？谢谢、谢谢！那好吧！先不打扰了，明天，我去单位找您吧！好的，好的，再见！

刘明在夜幕中沿着小径向小区走去。

## 2. 程静家　夜　内

刘明径直走上该高层电梯内，上行显示 16 层后走向过道。停留在一处，摁门铃。

屋内回应：谁呀？

刘明：你好！大姐，我是你弟弟介绍，上次你见过的刘明啊！

程静开门探出头，端详来客。

（几天前的情景）：程海（程静之弟）领着刘明做介绍：姐，这是我的一个朋友，他在做高速公路工程，是想让姐夫帮他们工地解决用电问题。刘明（微笑着）：大姐，在下刘明向您问好！

程静恍悟后微笑：哟！是刘老板啊！请进来吧！（边说边领刘明进屋到沙发前）坐吧！刘老板。

刘明边坐边说：以为杨局长回家了，上楼前刚通了个话才知道他还没回来。

程静边沏茶边说：可不是吗！人家是个忙人，经常很晚才回来的。

杨明：单位的特殊性啊！

程静：是啊！遇上个刮风下雨的天气，更是忙得要命。对了，你看我这不抽烟也不知道招呼你。

杨明微笑着说：大姐，就不污染你家环境了。

程静：请问有什么事情吗？

刘明笑答：不不不，没有其他事情，上次通过你去单位找杨局……

程静：他怎么说来着？

刘明：（模仿）高速公路建设是重点工程项目，你就是不托人，我们也会按照业扩流程尽快给你们提供优质、快捷、方便、真诚的服务啊！

程静：看看！我就知道他会玩正经的。

刘明：我看人家的确很真诚。原来以为不托人不好办事，所以才找你弟弟来见你的，等去了人家供电公司才知道并不是原先外界认为的那样，看来我的观念陈腐了。

程静：也是的，现在服务行业已不是原来的观念了，听说近几年来，国网公司对他们的服务理念、服务质量、服务水平都提出了更高的要求。

刘明：看到了，能感受到供电公司的服务热情！

墙上挂钟时针指向 9 点 20 分。

刘明：是啊！（看表后起身）时间不早了，这样吧，大姐，我就不等杨局了，（随身包中掏出两条香烟）这点小意思是对你们大力帮助我工作的一点心意……

程静：别别别，别这样，正常帮忙不需要这样破费。程静手推谢绝。

刘明：不行，别让我过意不去，你一定得收下。

程静：不能收啊，老杨回来会骂死我的。

刘明：大姐这样吧！那就留下一条烟，有机会再告诉杨局吧！

程静：这，这不合适，这怎么……

刘明：大姐你就别让我过意不去了，（转身出门）回头我再请你们吃饭，再见！挥手示意、随手关门而去。

门打开，程静着急地探出头来：刘老板，刘老板。

### 3. 楼道内　夜　内

电梯间内，16 层，刘明迈步上电梯，乘坐电梯下。

另一电梯间内，1 层，杨正迈步上电梯，乘坐电梯上。

刘明乘电梯下 1 层直行出。

杨正乘电梯上 16 层右转出。

### 4. 程静家　夜　内

杨正敲门，程静嘟囔着：我正准备下楼追你……

边说边开门抬头看到杨正后一脸惊讶：你，你回来了？

杨正纳闷：下楼追我？

程静：不是，不是。

杨正进屋坐在沙发上。程静递上一块毛巾说：刚才是我弟的那个修高速的朋友来过了。

杨正：是那个刘经理吗？

程静迎合道：对对！就是。

杨正：他们申请报装的用电业务，根据政府急事急办的有关政策，公司工作人员正在按照业务流程，尽可能提速办理。

程静：啊哦！我说这个刘老板怎么一脸的开心样子啊！对了，吃饭了吗？

杨正：开会研究一个客户的供电方案，还没顾上吃。

程静：好！你坐着，我给你弄饭去！说着走下。

杨正：熬点粥就行了！

程静的背影，边走边答：好！

## 5. 夜市　夜　外

刘明驾车行驶在街头，电话铃响起（副驾驶座位上手机特写），刘明接起来电话：你好！哪位？

程海行走在夜市里停下：我说刘总，连我的手机号都没记住啊？

刘明：不好意思啊，哥们，我开着车没看来电显示啊。（听筒里程海：哦！我说呢！你走哪儿了？）

刘明：你在哪儿了？要不我过去接你？

程海：和几个朋友刚打完牌现在在芙蓉街夜市呢。（听筒里，刘明：这样吧！你等我一下，我停下车后一起喝一杯吧！）

程海：好吧，不见不散！

## 6. 程静家　夜　内

杨正欲拿茶几上的报纸，突然发现那一条香烟（特写）。看到香烟已开封（面部纳闷表情特写）。随手打开后，看到 3 万元现金。杨正：（一脸严肃的表情）程静！你过来一下。

程静：哎！（疾步上来）。

杨正抖抖手中的钱：这是怎么回事？

程静紧张地表情，紧张的说：这，这，你听我说，刚才那个刘老板……

杨正怒声道：别说了，你怎么，只认钱，不要命了吗？什么钱都敢要吗？说完，将钱摔到茶几上。点上一支烟，大口吸着，烟雾中，一脸凝重的神情。

程静：他来说要谢谢你，我看只是一条烟也就没理会啥。他走后，我才看出这条烟不对劲！这不，刚说要下去追他，你不就回来了吗。

香烟在烟缸中弥漫着……

杨正郑重地：就说是一条烟，你是不是觉得就应该收？我问问你，别说你的工资了，就我的工资买不起这一条烟吗？

程静委屈地：我觉得帮了人家的忙，一条烟没什么大不了的。

杨正严正地指着程静：你脑袋注水了吗？以后，不准你为这个、为那个的找我办什么事情。

程静：这不是人家找上门来了，你说怎么办？

杨正：很简单啊！你可以告诉他们到供电公司营业窗口按程序办理，公司工作人员会按流程尽快为他们办理用电业务。这样，你就算帮了他们了。

程静：那也不能不讲人情呀？

杨正：人情？（拿起桌上的钱）难道因为这所谓的人情，让你迷失你自己，更让我找不回我自己吗？

程静：有那么严重吗？

杨正：程静，我问你？你是党员吗？

程静：废话，我还比你早入党一年呢。

杨正：这不就对了，你，上的党课比我应该多吧？你，接收的廉政教育，也应该比我多吧？类似这样违纪、违法、犯错误的案例，你觉得还少吗？

程静凝思无语的复杂表情。

## 7. 夜市　夜　外

芙蓉街夜市上，程海、刘明推杯换盏，6 瓶啤酒空放在桌上。

刘明端起手中盛满啤酒的杯子：这次全凭你帮忙了。来来来，兄弟，起一个。

程海醉眼蒙眬：不就说了一句话吗？跟我还客、客、客气啥？

刘明放下杯子，从随身包中取出一条中华烟：这是一点小意思。

程海：别别，你、你这不是小、小、小看兄弟吗？桌上两只手推让香烟。

刘明：烟酒不分家，前几天你不还送我一瓶 20 年的汾酒吗？

程海：那、那我就恭敬不、不、不如从命了。说完拿起啤酒斟满：来、来咱哥俩再起一杯。（举杯）

桌子上程海的手机响起，程海嘟囔着：谁这么讨厌啊！（接听）怎么，我这不就是喝点酒吗？没完没了打什么电话？

杨正严肃的表情：小海？我是杨正。

程海：哟！姐夫啊！我还以为是你弟妹打来的。这么晚了，找我有事吗？

杨正：你现在叫那个修高速的刘老板，来我这里一下，别上家里了，到楼下给我打个电话，我下去。

程海：姐夫、姐夫！（对方挂断的声音）

程海、刘明疑惑眼神对视的全景特写。

## 8. 小区一角　夜　外

小区旁街心花园内，程海、刘明行走着。

杨正夫妇从小区门内走出。

街心花园一处四人相遇。

刘明微笑着主动上前寒暄：杨局，您好！

杨正双手回应：你好，刘老板。

刘明：您这大半夜的召见，真让我感到受宠若惊啊！

杨正（调侃道）：这不也是急事急办嘛！

程海：姐夫，怎么？有急事吗？

杨正：急啊！城门失火定会殃及池鱼，难道不是急事吗？（刘明、程海一头雾水，相互观望而疑惑的神情）

程静从包中取出那一条烟：刘老板，从家里一出门我就喊你，估计你没听见，只得这么晚了还喊你过来了，递给刘明香烟。

刘明推让：大姐，这就是一点小意思……

杨正：刘老板，我看这意思可不算小啊！

程静：是的，我觉得这，不合适。（坚毅地递在刘明手中）

程海：姐夫！刘老板也不是外人，不就是一条烟吗？

程静严厉地：小海，别插嘴，你知道这个问题（指着香烟）的严重性吗？你再瞎鼓捣，休怪我不认你这个弟弟。

程海委屈道：姐夫，有这么严重吗？

杨正：小海，你姐姐说的话，自有她的道理，难道你希望你们姐弟之间以后在牢狱中相见吗？

程海：这、这……

刘明：你看看，都是我的不是了。杨局，我只是想你们公司这么快的为我解决了燃眉之急，该好好感谢你的。另外，下一步的施工问题还需要您费心，才……

杨正：刘老板，为客户提供优质、快捷的服务，是我们的服务宗旨，公司的工作人员会根据你们的需要，按照相关程序的要求，我们尽力达到你们满意的。设计、设备、施工、送电这些问题，您更不必担忧，由你们自行选择设计单位、供货方和施工队伍，在验收送电的环节上，会在合同要求的工期内保证快接快送。

刘明疑惑地：真是这样吗？那就太感谢您了。

程静：应该感谢的是供电公司啊！

刘明：是，是，得感谢供电公司。杨局，如果真是那样，我保证给你们公司送上一面锦旗。

杨正：刘老板，又搞形式主义了吧！

刘明：不敢，不敢，是真诚表达一份谢意啊！

程海：对，对，我一块给你们送去。

程静：又来了，有你的事吗？乱插嘴。

杨正：小海，你姐说得对。你不是人家公司的人吧？（对刘明）刘老板，时候不早了，别怪我下逐客令哟！咱们公司见吧。

刘明：好，那就不打扰了。回见！

程海：姐夫，姐，那我俩就一起走了，我会听你们的，放心吧！

刘明、杨正握手，程静、程海挥手告别。

### 9. 街头　午夜　外

繁星点点，午夜阑珊。程静、杨正散步在午夜的街头。

程静：老杨啊！今天，是你唤醒了我，还真感觉到后怕了。

杨正：还好，我们都没有扭曲自己的灵魂。

程静依偎在杨正旁慢行：以前，虽然听到、看到许多不协和的东西，以为不会在自己身边发生，看来，我真得好好反思反思了。

杨正：我们互相监督吧！

程静停下来，深情地看着杨正：老杨，谢谢你！

杨正：客气啥啊！相信你这个党内的老同志，会明辨是非的。

程静调侃着：你这个党内的小同志还真让我佩服了。

杨正：我们的心啊！就应该像那清澈的湖水，坦明而纯净，那样才会清清白白、坦坦荡荡，无愧于自己的人生！

杨正、程静携手向着璀璨、宽阔的长街远去。

# 巡线归途

# 巡 线 囧 途

陈海青 | 国网忻州供电公司

## 1. 公路边 日 外

一辆电力工程车靠着公路边缓缓停了下来。姜韬打开车门，跳下工程车。左手顺势将座位上的背包背在身后，回身伸出右手去扶身后下车的二宝。

二宝抱着鼓鼓囊囊的背包，笨拙地下了车，一边整理背包一边回头和车上的人说道：就我们哥俩这工作效率，你们趁早早点接我们啊！下午 3 点，127# 塔附近的公路边等着！

霍二宝，你就吹吧，就咱刘师傅那身手，巡这段线的历史最好纪录，也得下午 4 点多，你个生瓜蛋子，吹牛不怕被牛砸死……哈哈哈……车上传来一阵笑骂声。

工程车缓缓发动。横竖注意安全！有什么情况就及时给我们打电话啊！……车里的叮嘱声随着工程车慢慢远去。

姜韬和二宝目送着工程车离开，转身跳下公路牙子，两人肩并肩说笑着朝前面不远处的 103# 塔走去。

## 2. 103# 塔下　日　外

姜韬蹲在地上，嘴里叼着笔，右腿上放着笔记本，正在把相机里的照片放大了仔细地观察。

二宝站在离他四五米远的地方，仰头举着望远镜边看边嘀咕：我说韬哥，咱这工作有个隐性福利你发现没？总这么仰着头，一准儿不怕得颈椎病。哈哈哈……

姜韬没接他的话，盯着相机屏幕仔细看：左横担下方的导线连接件，你再瞅瞅，我相机里看不清，没问题的话咱就收拾家伙撤了。

二宝移动望远镜，边看边说：没问题，看过了，放心吧。

## 3. 山沟里　日　外

二宝戴着耳机，边走边哼哼：多想某一天……往日又重现……我们流连忘返，在贝加尔湖畔……

姜韬用手里的树枝轻轻敲了敲二宝的头：你快省点儿电吧！还流连忘返呢，待会儿没电了，我手机可不借你用。

哎！老姜同志，注意一下生活情趣好不好！我们出来巡线，也要欢歌笑语，这叫提高工作气氛……二宝瞥了一眼姜韬，很不服气姜韬刚才说的话。

二宝：刘师傅一早突然有事，还不是你兄弟我够意思，在你单枪匹马干革命的危机时刻挺身而出，啊！为朋友两肋插刀！主动放弃了轻松平坦的地段过来陪你走这最难走的一段线，啊！还不领情！算了，我霍昕也不是那小心眼没气量的人，这趟回去，我的 PMS 信息录入就托付给你了，权当你报答我的大恩大德……二宝摘下耳机，一把搂过姜韬的肩膀，边走边假装一副语重心长的样子说着。

姜韬皱着眉，掏出手机看了看时间，扭头和二宝道：也真是，估计这个点儿，师娘的手术也做得差不多了。大清早的突然犯病，可把刘师傅吓坏了。明儿一早，咱俩去医院瞧瞧师娘去。

**4. 山梁上一棵大树下　日　外**

姜韬依着树干，两手插在裤兜里。

姜韬：二宝，你这是又折腾啥？他皱皱眉，看着二宝变戏法似的从背包里不停地往外掏东西。

二宝坐在树下一块大石头上，不停地从包里往外掏东西：多好的野餐环境啊！咱今天改善伙食啊，不吃饼子、榨菜、矿泉水了，今天我们吃这个，当当当当！说着，扬了扬手中的泡面袋子。

二宝：这是我女朋友专门儿给我准备的，海外代购！咱国内的超市买不到的！今天你小子有口福，便宜你一袋！

姜韬听他说完，好奇地走过来蹲下身子，拿起那包面来回看了看：这不还是方便面？韩国人的方便面能先进成个啥？

二宝利落地掏出小酒精锅，麻利地倒水，点火，边煮面边说道：你知道啥，待会儿等着吃吧！保证叫你吃完这一顿，回味一礼拜！

姜韬：你快点儿啊！咱吃完收拾了赶紧走，后面还十几基呢！

二宝：得！你就别管了，等着开饭！

两个人狼吞虎咽，将锅里的面吃的一干二净，只剩下半锅汤在冒着热气。

二宝：打扫战场的任务就交给你了！我去方便一下，你烟和打火机给我。抹抹嘴，边说边从姜韬裤兜里掏烟，转身抽出一根，点着。叼着烟走开了。

姜韬将最后一点面扒拉进嘴里，用手背擦擦嘴，弯腰开始收拾地上的餐具。

### 5. 大树旁的草丛里　日　外

二宝：呀！蛇！不远处传来二宝的惊叫。

姜韬慌忙扔下手里的餐具朝二宝那里跑去。

二宝提着裤子跑出来，脸都吓白了，结结巴巴地说道：有，有，有蛇，地里，地里！

姜韬：在哪？咬你了？

二宝：没，没，我刚蹲下，没抽两口烟，就看见草丛里有东西动，我以为是田鼠啥的小东西，结，结，结果是条蛇！吓死我了！

姜韬（松了口气）：没咬你就行。蛇讨厌刺激性的气味，肯定是你的烟味儿把它惊动了。

### 6. 大树下　日　外

姜韬搀着已经吓得腿软的二宝回到树下，扶他坐下，继续收拾东西。

姜韬突然怒道：我去！

二宝：又咋啦？（惊魂未定的闻声弹了起来）

姜韬把手伸进锅里，从面汤里捞出一部手机，拎到二宝面前。

二宝：哈哈哈哈，韬哥，你的手机不堪受你折磨，跳锅自尽了！

姜韬：笑个屁！看来这个月工资又被提前预支了！

### 7. 山沟里的小径　日　外

姜韬（不满地唠叨着）：你他娘的瞎折腾！听我的吃完饼子榨菜矿泉水，咱早就出发了！白耽搁这么长时间，还搭上我一部手机！

二宝：自己把手机掉锅里，这也赖我！给你煮面还落个不是！真是好心当了驴肝肺！

姜韬：不是为了救你，我的手机能掉锅里？

二宝：不煮面老子也碰不到蛇！

姜韬：谁让你煮面！我不说了吃饼子榨菜就没这破事儿了！

……

俩人你一句我一句，边走边互相抱怨着。面前有一条绕到山后的小径，谁都没有注意，顺着另外一条岔路走了过去。

### 8. 山沟里　日　外

姜韬：渴死了，你那面真够咸的！姜韬一边抱怨，一边打开背包翻动。

姜韬皱着眉，在背包里翻来翻去找：咦？水呢？

二宝：刚，刚才，煮面的时候我用了……小心翼翼地看着姜韬的脸色。

姜韬果然怒气冲冲地骂道：你是猪啊！煮面把水都倒光了？

二宝不甘心地辩解道：两个人煮面我那点水肯定不够嘛！再说沿路肯定有小村子，找水还不容易！

姜韬冲着二宝吼道：你看这荒山野岭的像有村子？有村子也住着白骨精！还找水！真是遇上猪队友了！

### 9. 山沟　日　外

二宝疑惑地问：不对啊！怎么走着走着看不见塔和线了。

姜韬闻言，前后左右观察了下，马上也发现了这个问题。说：完了，肯定是咱们刚才没留意，走岔了！

姜韬掏出手机：这下麻烦了，进了山里，不跟着线，很难认路的。按了下按键，忽然想起他的手机进了汤水，已经不能开机了。悻悻地把手机装回口袋里，瞪着二宝说：把你手机拿过来。

二宝乖乖地把手机交给姜韬，讨好地问道：韬哥，你是要给班长打电话吗？

姜韬接过手机，刚点开指南针，手机就发出电量不足报警的声音，屏幕上显示“当前手机还剩余 5% 的电量”。

姜韬忍不住又怒骂：二宝叫你省着点用，关键时刻掉链子！这下两个人的手机都不能用了，咋办？

二宝不敢吭气，低头吐了吐舌头。

手机里传来系统回复的声音：对不起，您所拨打的电话暂时无法接通……

姜韬拿着手机思索着：完了，没信号，这可咋办？

姜韬又像自言自语，又像对二宝说道：宝荣线在南梁山这一带是南北走向，对哇？

说完他抬头看了看天。此时已经是下午 4 点多钟，阴天，铅灰色的天空看不见太阳，四周的光线都一样，根本无法辨认。于是姜韬又打开手机，找出指南针，开始辨认方向。

姜韬胸有成竹的指着一道山梁对二宝说：我们沿着这个山梁翻上去，到高处再看看能不能看见线路。

两人并肩朝山梁爬去。

## 10. 山果树附近　日　外

二宝（咽了口唾沫，舔了舔嘴唇渴死了）：再这样下去，找不到线路找不到水，咱俩得死这儿了。

姜韬：实在找不到水，咱就喝尿。二战的时候，不是有士兵这么干过，起码比死了强。

二宝：算了，渴死也比恶心死强吧……韬哥，你看前面那树上结得是啥？

只见离俩人五六米远的一片郁郁葱葱的植物上，结着稠密的果子，红红的，有核桃那么大。

姜韬：这是……草莓？还是……桑葚？管他呢！摘一个尝尝再说！三两步跑过去，俯身低头看着树上的果子。

二宝疑惑地问道：不会有毒吧？

听到二宝的话，姜韬伸出去要摘果子的手又马上缩了回来。两个人互相看了看，不约而同地咽了口唾沫。

二宝突然道：我有办法！

他掏出手机，对着果子拍了张照片，然后又在手机上鼓捣了几下，扭头咧嘴对姜韬道：放心吃吧！韬哥，这是野树莓，不仅没毒，还能化痰消炎治肾虚呢！

说完摸摸鼻子，阴阳怪气的又说道：治肾虚，嗯，正适合你啊！对症下药，多吃点……还没说完，就被姜韬一拳捣在胸口上，疼的龇牙咧嘴说不出话了。

两个人边摘边吃，这树莓口感酸涩，俩人被酸得龇牙咧嘴。摘了满满一大袋后，俩人心满意足地继续向前走去。

## 11. 大山深处　日　内

植被越来越茂密，俩人边走边挥舞着树枝驱赶蚊虫，拨开拦路的植物，艰难地朝前走着。

姜韬：再爬一段儿应该就能看见线路了，我记得上次看图纸的时候，宝荣线在南梁山这一带是南北走向的。像是鼓励自己一样，把辨认方向时的相同的话又说了一次。

前面树丛中一阵窸窸窣窣的动静，二宝一把拉住姜韬，压低声音道：不会又有蛇吧。

树丛里的动静越来越近，一只成年野生豹子从树丛里钻了出来，显然也被这两个人吓了一跳，盯着姜韬和二宝一动不动。

二宝：我去！老虎？狮子？豹子？是豹子！野生豹子！

姜韬也被吓出了一头汗，两腿不由自主地开始发软。

两个人，一只豹子，六只眼睛你盯着我，我瞪着你。

二宝小声道：咋办？它要是扑过来，咱俩就分开跑！

姜韬：跑？你能跑过豹子？千万别动！它动咱就朝它大喊！手里有家伙，俩人还治不了它！

空气一片寂静，只有风吹过植物的沙沙声。僵持了一会儿后，豹子扭头回到了树丛中，不一会儿就没了动静。

俩人保持着刚才的姿势，竖着耳朵听了一会儿，确定听不到豹子在树丛里穿行发出的声音了，才一屁股瘫坐在地上，大口喘起气来。

二宝：这他娘的什么日子？野生动物放风日？怎么今天啥怪事都碰上了！擦着脑门儿上的冷汗嘟囔着。

姜韬看看四周，起身拍了拍屁股上的土：咱还是赶紧离开这里，树这么密，万一让那豹子真袭击一下子，可够咱俩受的！

俩人迅速背起包，一路小跑上了山梁。

## 12. 山梁上　日　外

山梁上，依稀看到远处有铁塔。

姜韬松了口气说：总算是找对方向了。扭头问二宝：看看现在几点了。

二宝掏出手机，看了看时间道：6 点半了。

姜韬加快脚步边说道：咱们走到铁塔那儿估计就天黑了。赶紧吧！可别再碰上啥吓人的动物！

这时二宝的手机传来关机的铃声。二宝沮丧地说道：没电了……

姜韬：没事，我包里带了手电筒，一会儿天黑了能用上。

俩人加快脚步朝前走。

## 13. 小溪附近　夜　外

黑漆漆的山沟里，一只手电筒的光时隐时现。

姜韬举着手电筒，二宝紧紧跟在姜韬旁边，俩人谁也不说话，低头急匆匆的赶路。

二宝拉了拉姜韬说：韬哥！好像有水声。

姜韬停住脚步，用手电筒四下里照了照，果然，小径旁边出现了一条小溪，水声正是从那里发出的。

姜韬兴奋地说道：太好了！上次我和师傅走过这里！跟着小溪走不远，就有个村子！咱们到了那里就好说了！

咱先去溪边解解渴！二宝边说边拉着姜韬往溪边走。

俩人小跑到小溪边，二宝顾不上鞋子和裤子会打湿，跳进小溪里捧起溪水就喝起来。

姜韬把手电筒放在溪边的石头上，刚要从背包里把空杯子取出来接水，手电一下子滚进了小溪里，被溪水冲了很远。

俩人手忙脚乱去捞手电筒。二宝被石头绊倒跌进溪流里，浑身都湿透了。姜韬一脚踩在一个光滑的石头上，身体失重崴了脚。

手电筒没有捞到，两人狼狈不堪地坐在溪边。二宝脱了衣服裤子拧水，姜韬揉着崴了的脚踝唉声叹气地说：真是倒霉！今天怎么回事，什么状况都碰上了！

二宝：韬哥，没事儿！咱今儿跟豹子还亲切会面了呢！多牛气的奇遇啊！马上就看见胜利的曙光了，咱见招拆招，一定能够顺利到达根据地！

姜韬还是愁眉苦脸地说：可这黑灯瞎火的，手电筒也没了，咋走？

二宝边拧衣服边思索。突然灵光一闪，他转身取出背包一顿翻腾。只见他找出中午吃饭的酒精炉，然后冲着姜韬嘿嘿一笑：韬哥，我浑身湿透了，你的T恤贡献出来怎么样？

姜韬有点莫名其妙：干啥？

二宝：自有妙用！脱下来先！

姜韬迟疑的将外套脱下来，然后将里面的T恤脱下来递给二宝。

二宝将拧干的衣裤重新穿回身上。站起来四处转悠了一圈，拿了一根大约六十公分长，小孩儿胳膊粗的树枝回来。把酒精炉里剩下的固体酒精统统裹进T恤里，又把姜韬的T恤缠在树枝上，然后掏出打火机，“轰”的一声点燃T恤，顿时周围的环境被照得清清楚楚。

二宝洋洋得意地举着火把过来搀着姜韬说：怎样！我这诺贝尔头脑还是相当可以的吧！

姜韬朝着二宝的胸口又是一拳：还真有你的！

二宝背着两个人的背包，一手拿着火把，一手搀着崴了脚的姜韬，沿着小溪往前走去。

## 14. 小村村民家中　夜　内

两人历尽千辛万苦看到村子的灯光，遇到正在着急寻找他俩的同事。班长从医疗急救箱里取出云南白药，给姜韬受伤的脚踝喷药。二宝穿着同事宽大的明显不合身的干衣服，靠着床头狼吞虎咽扒着碗里的饭。

# 黎明之光

# 黎　明　之　光

乔琳会｜国网临汾供电公司

## 1. 序幕　旧教室　日　内

十年前，五里屯小学，唯一一间破旧的教室，木质的桌椅高低不一、新旧不一地摆放在教室里。这个学校就一间教室，一间教室里仅有十一个孩子。

杨老师：孩子们，今天我们学校要来一位特殊的客人。她要给学校捐助一万元，这对我们来说真是雪中送炭啊！一会人家来了，大家要使劲鼓掌，来，先练一练！

随着孩子们的小手有节奏地鼓掌，黎明走进了这间教室。小学生张晨瞪大了眼睛，他的眼睛里充满了光芒……

## 黑场淡出片名：黎明之光

## 字幕：十年后

## 2. 大学男生宿舍楼　日　内

空荡荡的男生宿舍楼里，张晨宿舍里的东西杂七杂八地堆放在地上，大家正在收拾东西。张晨将一块毛巾掖进背包，用手抹了抹汗，坐在床边休息。

李浩：晨，你真得要回那个小山村么？到时可有你后悔的！

王博：你可真行，放着金子不要，要玩土，别忘了，你奶奶还指望你养活她呢！

李虎虎向大伙使了使眼色，走过去拍了拍他的肩说：晨班，再考虑考虑吧！

张晨：其实我自己也不知道这样选择对还是不对？

这时候，班主任王老师敲了敲门：都收拾好了么？

王博：差不多了，都是大老爷们，也没啥东西，呵呵！

老师点点头：张晨，你出来一下！

楼道里，王老师掏出一张纸。

王老师：张晨，这是你昨天交的就业意向书，我希望你再慎重考虑一下。你是班里最优秀的学生，好多学校都想要留下你，我等你电话吧！

看到班主任远去的背影，张晨陷入了深深的沉思。

### 3. 邮政所　日　内 / 外

草草吃过早饭，张晨攥着一沓复印件出了门。

来到邮政所面前，他进入大厅。

邮政客户经理小娟：请问，有什么可以帮您的么？

张晨欲言又止，最终鼓足勇气说明来意。

张晨：您好，我，我，您能帮我查一查这些单据的信息么？

接过一沓不同时期的单据复印件，小娟一张一张的看了又看，非常不解。

小娟：这些都是你的？一直连续四年，每月一张。

张晨点点头。

小娟：对方如果没有留下名字，应该是不想让你知道吧？

张晨又点点头，随即又摇摇头。

张晨：噢！不知道。四年从未间断，我不知道他是谁？我要毕业了，我想找到他，想对他说一声谢谢！

小娟：如果对方没有留下信息，应该就没有信息。

张晨：那还有什么线索么？

小娟：你等一下。

小娟向柜台走去，与工作人员沟通了一会，又在电脑里查了半天，拿着一张纸条走了过来。

小娟：这是汇款过来的邮政点地址，我们也只能帮你这么多了。

清秀的笔迹写着：临汾市邮政储蓄 28 号网点。

张晨：谢谢你！

刚刚还愁容满面的张晨已是满脸微笑了。

## 4. 火车　日　内

火车上，张晨看着窗外想着什么。

（画外画）五里屯小学一间旧房子，木头板凳，简陋的升旗台，墙上的黑板报，还有一串串从窗户里传来的童音朗读声……手机这时候忽然响起。

奶奶：晨晨啊，你要气死我啊！你们老师给我打电话了，你爹妈死的早，我咬着牙把你拉扯大，好不容易供你上个大学，还不是盼你出人头地啊！

张晨：奶，别急，我，我还没定呢！

奶奶：你非要回这山沟沟里做啥子……

奶奶一直重复地质问着他，张晨一边听着，一边想起奶奶。（画外画）她有些驼背，她拿出一沓毛毛钱为他凑上学的学费，虽然面额很小，却非常的平整。

电话那头奶奶还在唠叨，这边的张晨鼻子已经酸楚。

### 5. 五里屯　日　外

一辆公共汽车经过蜿蜒的山路，在五里屯村停了下来。张晨从车上走下来，他背着一个大包。五里屯村的站牌是崭新的，张晨绕着牌子看了几圈。

他来到了学校。两扇斑驳的铁门，传来一个清脆女声的领读声。

“吱哑”推开铁门，刚刚下过雨的院子有些潮湿。（画外画）张晨与小朋友们在这里捉迷藏，也打过架。

院子里的一间教室变成了三间砖瓦房。听到门响，竹子门帘一掀，走出来的正是张晨曾经的小学校长兼班主任杨老师。

张晨：杨老师，还记得我么？

杨老师摘掉眼镜，眯着眼睛看了半天：张晨吧！你小子还是调皮样，哈哈！

张晨也笑了：现在有新老师了？

他示意教室的方向。

杨老师：留不住啊，来了 7 个就走 7 个，这个是实习生，谁知道能不能留得住？

张晨：哦！老师，我问一个事情？

杨老师戴上眼镜，习惯性地提了提镜框：啥？

张晨：我记得那年一位奶奶给学校捐了一万元，你知道她的情况么？我想去看看她。

杨老师：我没有看错你小子啊！人应该知恩图报，是应该去看看她。只是……你等一下。

杨老师似乎想起什么迅速回到屋里，过了一会，拿出一张包裹单。

杨老师：当时问她姓名和地址，她不肯说。后来她给孩子们寄文具、书本和衣服！我保存了这张包裹单，也不知道能不能找到。

接过这张压得整整齐齐的单子，张晨从这些褪色的字迹中找寻。几番认读后，他们终于读出一些字眼：临汾市花果街北二巷 9 号。

张晨：也在临汾市？

杨老师：怎么了，谁还在临汾？

张晨：哦，没有谁。

他一边说一边抱住老师：谢谢老师！东西先放这儿，别告诉我奶奶说我回来了啊！

拿着地址，张晨大步向外走去。

### 6. 临汾市花果街工地　日　外

张晨乘坐 2 路公交车，在“北二巷”的地方下了车。

顺着巷子走进去，是一个工地。钢筋与水泥、电花与机械，民工们忙碌在大楼建设的各个角落之中。再没有北二巷 9 号的地方了。

他站在门口的民工生活区有些沮丧。

民工家属李娜操着外地口音：小伙子，你找谁？

张晨自言自语道：我找一位好人，她以前就住这里……

李娜：好人哪！总能遇到好人啊！

李娜一边摘着菜，一边叨叨了开：刚搬到这里时，她常来，说是放不下老房子。后来听说我家大孩辍学在家，第二天就拿来两千块让他去学点手艺，真是好人！

张晨：你说的这个人就住在北二巷么？她多大年龄，什么样子？

李娜拿出手机：你看，这是解大姐，你不会找得就是她吧？

照片上两个女人紧紧地靠在一起，脸上洋溢着幸福，这个女人正是张晨要找的资助者。

张晨：就是她，虽然十多年未见，她的白发多了，但是她的样子我一辈子也忘不了。她身体怎么样？她在哪儿？

李娜：在哪住我不知道，但我有一个手机号，你试着打打？

一个数字一个数字的摁下去，张晨迫不及待地拨了号：您拨打的号码已关机！再拨，电话那头还是：您拨打的电话已关机！

李娜：打通没？

张晨：没有，谢谢你！

### 7. 邮政储蓄　日　外

一边走，一边继续拨打电话。对面的“邮政储蓄”营业厅映入眼帘。张晨从裤兜里翻出写有邮政点地址的字条走了进去。

邮政客户经理王青：请问您需要办理什么业务？

张晨：您知道 28 号营业厅在哪里么？

王青：东方路 7 号，从这里向东过两个十字路口，右拐五百米就到了！

十分钟后，张晨气喘吁吁地出现在 28 号邮政营业厅的门外。

邮政客户经理杨杨：请问您需要办理什么业务？

张晨：我需要找一个人，他四年来一直给我寄钱，没留地址，也没留名字，他就在你们这个网点汇的钱，你们能帮我找一找么？

杨杨显然听得有些糊涂。直到张晨拿出那一沓汇款单时，她明白了。

杨杨：我想起来了，的确有这样一位客户，是个男的，四五十岁。每月来汇款，让他写上汇款信息，他说不方便写。我们也就尊重他的意思了。

张晨：哦，对，就是他。我想找到他，对他说一声谢谢！你能帮帮我么？我一定要找到他。

杨杨：我们试试吧，也只有通过录像资料来寻找了。我试试！

张晨：太谢谢你了！

张晨一把抓住对方的手使劲地握住。

## 8. 宾馆　夜 / 日　外 / 内

一边打电话，一边在街上走。张晨看到老人就会上前去辨认。夜深了，走了一天的张晨在一个巷子找到一家便宜的宾馆，沉沉地睡去。

第二天一早，他一睁开眼睛，就拿起手机要拨打电话。看看时间，6 点 35 分，张晨笑着停了下来。

（画外音）我真是的，这么早就打电话！

他躺在床上，一只文具盒浮现在眼前，（画外画）那时候，解奶奶给每一个孩子送来新文具，那个文具张晨一直舍不得用，珍藏了好久。

7 点钟的时候，张晨忍不住又开始拨打电话，电话接通了。

张晨：喂？您好！

寇安：喂，您好？

电话里一个男人的声音传过来。

张晨：我想找解奶奶，这是她的电话么？

寇安：哦，是的，你找她做什么？她住院了！

张晨：什么？解奶奶生病了？我是她资助过的一个学生，我能不能去看看她？

寇安：不用麻烦了，也不要紧，就是膝盖做个小手术！

张晨：请你一定告诉我！我这次专门来找她，只是想见见她！

对方迟疑了一下，给了张晨地址。

张晨一边记着，一边核对：临汾市铁路医院 304，对吧？

在得到肯定的回答后。他一骨碌翻身下床，一路小跑出去，他想要给她买一束花。

清晨的路上冷冷清清，花店都未营业。最后，张晨不得已敲开一家花店的门，店主睡眼蒙眬打开门。

张晨：我要去看一位病人！哦，不，是看一个奶奶！

一束美丽温和的康乃馨装点着满天星，买到花后，张晨打了一辆出租车向医院驶去。

## 9. 医院　日　内

医院的病房里，解老半靠在病床上，正在看一张报纸。

儿子寇安一边拿走报纸，一边说：妈，别看了，太费眼了，来吃块苹果。

寇安给母亲按摩：妈，手术材料就用进口的吧？大夫说进口的对膝盖恢复更好一些，价格呢也差不了多少？

黎明：怎么会差不了多少？你就糊弄我，我早问过了，进口的比国产要贵一万多呢，一万多呀！能帮多少孩子呀！

寇安：妈，不是我说你，这些年你也帮了一百多个孩子了，也应该给自个儿打算打算，难道你还想再做一次手术不成？

黎明：我都这岁数了，能用就行了，不用那么浪费，就这么定了，不用再说了。

看到母亲不高兴了，寇安也不再说话。

母子俩的对话被刚刚来到的张晨全部听到，他轻轻地敲了门。

## 10. 医院　日　内

张晨把花送给黎明。

张晨：奶奶，您还记得我么？

黎明摇摇头：我还真记不住了！

张晨：奶奶记不住也正常，都好多年前的事了！您记得五里屯小学么？

黎明想了想：哦！想起来了，一个很远的村子，学校条件很差。

张晨与黎明高兴地聊天，寇安接了个电话。

寇安：妈，妹妹说她几点来？我单位有点事。

黎明：她说8点，你先走吧，单位的事别给人家耽误了！我一个人能行！

张晨：叔叔，您去吧，如果不嫌弃，我来陪奶奶吧！

寇安：那好吧，小伙子！谢谢你了。

寇安匆匆离开。

张晨给奶奶削水果：奶奶，我今年要毕业了，本来选择回村支教，我在那里长大，知道那里最缺的是什么。奶奶，你说我做得对么？

黎明：论条件，当然是城里更好一些。但是，每一个人都会有自己的选择。听从内心吧！尽力去做一个对社会有用的人。

## 11. 医院　日　内

解老睡着了，张晨给她盖好被子。手机响了，他跑到楼道里接起来：您好，是张晨吧！汇款录像我们找到了，你现在过来看看吧！

张晨大叫一声：太好了！看到医院走廊上大家奇怪的眼光。他这才意识到自己太兴奋了，不好意思地吐吐舌头。

寇平过来接班，张晨简单说明了情况，便向邮政营业厅跑去。

## 12. 邮政网点　日　内

28号邮政营业厅内，张晨满头大汗地赶来。

杨杨笑吟吟地打开电脑，把录像放了一遍。

画面中一个中年男子填好了单子，把钱与单子塞进了柜台。这个人正是解老的儿子寇安，这难道是个巧合么？张晨百思不得其解，他对杨杨道了谢，又返回医院。

### 13. 医院走廊　日　内

推开病房门，解老仍睡得很香。

张晨在医院走廊上来回走动，等待着寇安。十多分钟后，寇安终于来了。见到张晨，他有些诧异。

寇安：小伙子，你还没走呀？我妹妹来了你就去忙吧！谢谢你来看她。这对她来说是最大的安慰。

张晨走上前去抓着寇安的手：谢谢你，叔叔！

这个动作让寇安有些吃惊，直到张晨拿出汇款单。

张晨：叔叔，我刚刚才知道四年来一直资助我的人是你，这些钱帮我渡过很多难关！它一直温暖着我。

看到汇款单，寇安明白了。他坐在凳子上，给张晨讲起当时的事情。

寇安：那年，市里摸排一批困难大学生，我妈给 10 个孩子捐了 2 万元，你就是其中一个。后来，她在看资料时了解到，你父母去世早，家里就你和奶奶相依为命。当时，她就决定每个月再资助你 500 块，又怕你有负担，所以坚持不让透露任何信息。她腿脚不好，我们又怕她摔着磕着，寄钱的事就由我来代劳了！

知道真相的张晨，眼泪再也止不住地流下来。

张晨：每个月的汇款，让我感觉不再孤苦无依，我感觉有一双手一直在握着我，紧紧地握着我。

透过病房的玻璃，张晨看到睡得像孩子一样黎明，笑了。

他擦了眼泪，拿出手机拨通了班主任王老师的电话：老师，我决定了，我要回五里屯小学。

字幕：解黎明，1953 年加入中国共产党，1985 年由原山西省临汾地区电业局（现国网临汾供电公司）工会副主席的岗位上离休，从 1998 年开始捐资助学，相继让 200 多名贫困学子圆了上学梦。她曾对组织作出了一个以生命为限的承诺，坚持拿出自己的积蓄扶贫济困。

解黎明先后获得全国创先争优优秀共产党员、全国老干部先进个人、第四届全国道德模范、感动山西十大人物等诸多荣誉。

# 后　记

2016 年 8 月中旬，得知国网山西省电力公司文协将编辑出版“电网新视界”系列丛书，剧本合集被列入其中的消息，我们作为最早接触微电影剧本的一群人，难掩心中激动。

收录《第八个》中的剧本共有两种类型，其中一大部分是已经完成微电影拍摄的，另一小部分是 2016 年刚创作还未拍摄的。未拍摄的剧本收集并无难度，但成片剧本收集的工作量远远超出我们的预期。有的因为当时创作请了专业团队指导，剧本多次易稿，最终版本难寻踪迹；有的为了较短时间内完成拍摄，在文学剧本只有一个大框架时直接改成了导演剧本；有的是作者的开篇之作，缺乏创作经验，写法、格式不符合剧本的要求……种种问题我们都要求作者尽快修改完善。

与此同时，文协帮助联系到了潘飞、张石山、张智锋、王博文等系统内外的专家老师，为剧本的修改提出了意见建议。四堂精彩的讲解，收获的不仅仅是剧本创作的知识和技巧，更是广阔的眼界以及他们对文学一丝不苟的态度。四位老师对创作的剧本总体表示肯定，认为部分优秀作品视角新颖、人物塑造细腻、语言表达准确等等，但也提出了合理设计主题、熟练运用剧本语言、生动塑造有趣人物等改进意见。各位作者充分吸纳专家老师的建议，对剧本进行了二次创作，最终得以让更加成熟的作品呈现在读者面前。在此感谢国网山西省电力公司文协的鼎力支持，感谢四位专家老师的耐心辅导和逐条点评，也感谢各位作者的辛勤付出。

为了让读者阅读时更有画面感，我们在部分剧本中附有二维码，方便读者扫码在线观看微电影。这里也同时感谢提供技术支持的吴秋兵、王浩亮，让这部剧本集的内容更加丰富和多元。

3 个多月的时光转瞬即逝，《第八个》即将付梓印刷。因时间仓促和水平有限，不足之处还请广大读者批评指正。我们也希望更多的电网员工加入到剧本创作的队伍，将个人梦想、晋电情怀与企业目标相融，相信未来会有更多优秀剧本出现。同时，我们的第二部剧本合集也会很快与读者见面。

编者

2016 年 12 月